Best of Green Book

# BASIC OF CAR SENSOR

# 자동차센서 기초

신 이 균 _ 저

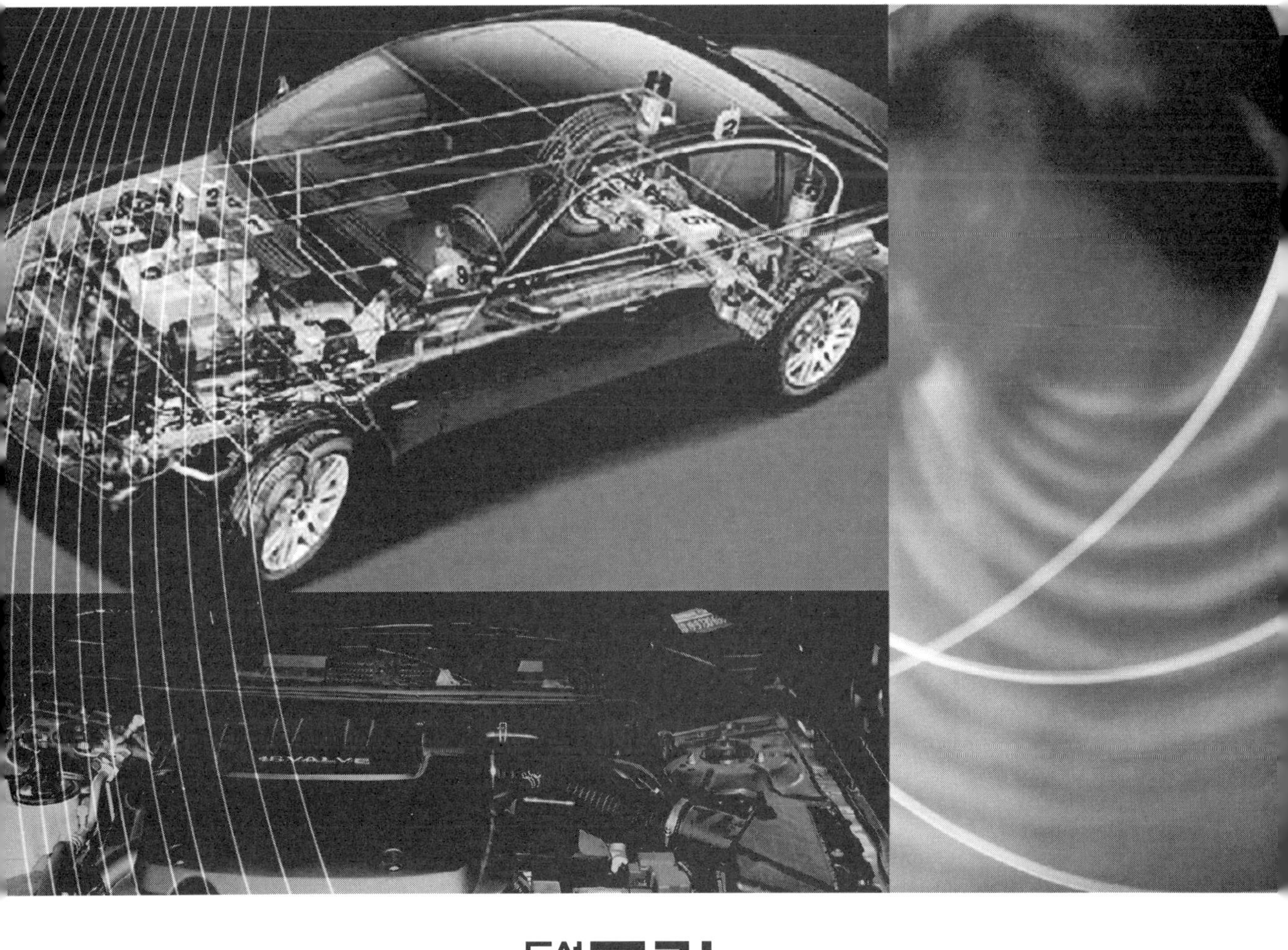

도서출판 그린

# Preface

마이크로 프로세서를 이용한 제어시스템에서 센서는 광범위하게 사용되고 있다. 센서의 고감도화와 소형화 등 끊임없는 발전이 계속되고 있고, 새로운 하이테크 시대하에서 새로운 센서기술의 응용은 과학기술분야에서 중요한 위치를 차지하는 시대가 되었다.

따라서 본서에서는 다양한 센서의 원리를 소개하고 원리를 실험을 통하여 경험하게 함으로써 마이크로프로세서와의 결합을 좀더 쉽게 구성하였다.

우선 많이 사용되는 광센서, 온도센서, 자기센서, 적외선센서, 압력센서, 초음파셰서, 가스센서 등의 원리와 특성을 이해할 수 있도록 기본 원리에 대한 실습을 하고, 나아가 마이크로프로세서와의 인터페이스를 쉽게 하기 위하여 컴퓨터를 이용하여 제어할 수 있게 하였고, 실무적인 이해를 위하여 각 부분에 사용되는 회로도를 소개하였다.

끝으로 현업에서 센서와 관련된 새로운 엔지니어링이 필요할 때, 본서에시 소개한 센서인터페이스 내용이 약간이나마 도움이 되길 바라며, 이 책의 출간에 협조하여 주신 그린출판사 관계자 여러분께 진심으로 감사를 드립니다.

2007년 8월

저자 씀

# Contents

Contents

## 5장 센서 기초실험



## 6장 Interface Card

## 8장 자동차용 센서



## 9장 자동차 컴퓨터의 등장

# 00 서 문



인류는 태어나면서부터 시각, 청각, 촉각, 후각, 미각 등 오감이 있다. 그래서 사람은 이 오감을 이용하여 자연계의 각종 물리량 변화를 느낄 수 있다. 일례로 시각을 통해 물체의 형태와 빛깔을 볼 수 있고 책을 읽을 수 있으며 도난 방지 요원은 침입자를 발견할 수 있다.

청각을 통해서는 공기 중으로 전해 오는 음파를 분별할 수 있으며 사병의 경우 집합을 알리는 호각 소리를 들을 수 있다.

촉각을 통해서는 주변 온도의 변화를 느끼고 그에 따라 옷을 더 입거나 벗을 수 있는 것이다.

후각을 통해 사람은 공기 중의 향기와 악취를 구분할 수 있고 미각을 통해 음식물의 각종 맛을 알 수 있다. 사람이 만약 이 오감을 잃어버린다면 그가 처한 환경의 상황을 알 수 없어 생활이 불편해짐은 물론 심지어는 생명에의 위협을 받을 수도 있다. 한편 기계가 시각, 청각, 촉각, 후각, 미각이라는 오감 중에서 단 한가지라도 얻게 된다면 사람의 작업 일부를 분담할 수 있을 것이며, 심지어는 인간도 할 수 없는 일을 하게 될지도 모르는 일이다.

쾌적한 생활, 안전한 환경, 공장의 생산 효율 및 군사상의 용도 등을 위해 설비의 얼마간은 인간처럼 자연계의 변화된 물리량을 감지할 필요가 생겼다. 그 예로 환경의 온도 변화에 의해 움직이는 냉·난방기, 외부인의 침입을 알아내는 도난 방지기, 가스가 유출되거나 화재가 발생했을 때 경보를 울릴 수 있는 시스템, 적군의 비행기 꼬리 열원을 뒤쫓을 수 있는 열 추적 미사일 등의 필요 아래서 센서 기술이 발전하게 되었다.

센서란 무엇인가? 그것은 자연계 물리 현상의 물리량을 전자 회로가 수용·처리할 수 있는 전기 신호로 전환시킬 수 있는 부속이나 그 조합의 일종이다. 여기서 자연계 물리 현상의 물리량으로는 온도, 습도, 빛, 압력, 소리, 자기장, 위치 등이 있으며 전기 회로가 수용할 수 있는 전기 신호로는 전압, 전류, 저항, 주파수 등이 있다.

센서는 자연계의 물리량만을 전기 신호로 전환시킬 수 있을 뿐 아니라 어떤 센서는 화학 현상을 전기 신호를 전환시킬 수 있도록 설계되어 있기도 하다. 예를 들어 알코올 측정기, 가스 측정기 등이 있고 그 외에 특수한 상황의 필요에 의해 외부 환경의 교란을 받지 않는 센서나 은밀성을 지닌 센서를 사용하기도 하는데 초음파 탐지기, 적외선 탐지기

등이 있다. 센서의 종류는 셀 수 없이 많고 응용할 수 있는 범위 역시 광범위하다. 센서는 인간의 오감 뿐 아니라 인간은 도저히 감지해낼 수 없는 현상조차도 검측할 수 있다.

초음파와 적외선이 그것이다. 그래서 센서 기술 연구 개발 및 센서의 응용은 현대 과학계의 중요한 과제로 중시할 만하다.

제2차 세계대전 이후 전자 공업은 빠른 속도로 진보해 왔고 새로운 기술이 끊임없이 발전했다.

특히 반도체 공업의 발달은 하루에 천리를 달리는 듯했다. 그래서 센서 제조 기술도 선도하여 끊임없이 새로운 센서가 출시했고 센서가 응용될 수 있는 범위도 점점 확대되면서 센서의 정확성도 높아지고 가격은 하락하는 동시에 센서의 사용법 역시 간단해졌다.

생활 용품, 자동 제어, 측정 기구, 의료 측정 기구, 군사용도 등 유형의 상품에서 센서 기술을 종종 볼 수 있고 센서 기술의 선용은 각종 상품의 기능도 개발할 수 있기에 새로운 상품이 계속 탄생했다.

센서 기술의 발전으로 센서 사용의 예는 갈수록 많아졌다.

예를 들어 가전설비의 리모콘 장치, 디지털식의 온도계, 습도계, 습기제거기, 가습기의 자동제어, 냉난방 기의 항온 제어, 전자 혈압계 및 도난 방지기에 사용하는 초음파 탐지기 및 적외선 탐지기가 그것이다. 공업계에 쓰이는 예는 더더욱 셀 수 없이 많다. 기계 팔, 무인 운반차, 자동창고 저장 등 모두가 센서를 사용하는 전형적인 예라 할 수 있다.

센서를 공부하려면 먼저 각종 센서의 기본 특성 및 그 주변 회로를 이해하여야 한다.

좋은 회로를 설계해야만 이 센서의 특성을 충분히 발휘하여 측량 및 측정의 제 기능을 다할 수 있으므로 필요할 경우, 마이크로 컴퓨터 회로도 첨가해야 한다.

예를 들어 마이크로 컴퓨터의 연산 기능을 이용하여 수치를 전환할 수 있고 마이크로 컴퓨터 회로로 하나 혹은 여러 센서 입력이나 설정 조건을 판단하거나 곤충이나 작은 동물 및 기류가 초음파 탐지기에 미치는 영향으로 인한 착오와 같은 불필요한 착오를 여과할 수 있게 된다.

이 전자 제어 실험 장치는 흔히 볼 수 있는 센서를 제공하며 초보자가 센서의 특성을 이해하도록 지도하는 센서 실험 외에도 퍼스널 컴퓨터와의 인터페이스와 소프트웨어 기술을 이용한 고급실험도 포함한다. 기초부터 고급 단계까지 단계적인 방식으로 학습자를 센서의 세계로 안내하며 더 나아가 센서의 특성을 선용하여 전자 제품의 실용성을 증진시키도록 한다.

# 01 센서의 원리와 종류

## 1-1 센 서

컴퓨터를 이용한 다양한 제품들이 끈임 없이 나오고 있다. 따라서 생존하기 위해서는 무엇인가 새로운 아이디어를 이용한 물건을 만들어야만 하게 되었다. 그것이 조금만 다르든지 아니면, 완전히 새롭게 다르든지 새로운 것에 도전해야만 되는 세상이 되었다.

새로운 생각을 바탕으로 한 접근에서 많이 고려되는 방법 중 하나는 컴퓨터의 1/0를 이용한 것이다. 그 이유는 자연계에서 발생하는 다양한 현상들의 아날로그적인 데이터를 간단히 디지털 신호로 변화시켜 컴퓨터를 이용하여 조작할 수 있기 때문이다.

여기서 조작이란 여러 가지 기능을 갖게 하는 일이라고 생각된다. 이와 같은 조작은 많이 나와 있고 쉬우며 꼭 필요할 경우 적은 비용으로 조작할 수 있는 시스템을 쉽게 구현할 수 있다.

따라서 경쟁력 있는 무엇인가를 구현하려고 하면 컴퓨터 I/O의 입력신호를 만들어 주는 각종센서를 알아야 하겠고, 나아가 새로운 현상을 관찰한 새로운 센서의 연구가 필요하다. 현재 사용중인 센서는 다양하게 나와 있는데, 광센서, 가스센서, 습도센서, 온도센서, 적외선센서, 자기센서, 초음파센서 등 많이 제품화되어 있다.

다음 [표 1 1], [표 1 2]에는 다양한 대상들에 대한 센서가 소개되었다.

[표 1-1] 각종 센서

| 센 서 | | 사용원리 |
|---|---|---|
| 광센서 | 반도체 센서 | 광전도 효과 |
| | OCD 센서 | " |
| | 포토트랜지스터 | 광전효과 |
| | 광전자 증배관 | 광전자 방출효과 |
| 압력 센서 | 일렉트렛 | 왜형 효과 |
| | 세라미 센서 | 압전 효과 |
| | 마이크로폰 | 정전 용량 변화 |

| | | |
|---|---|---|
| 압력 센서<br>온도 센서 | 반도체 센서<br>탄성체 센서<br>서미스터<br>열전대<br>Si 트랜지스터 | 왜형 효과<br>용량 변화<br>저항 변화<br>제벡 변화<br>특성의 열변화 |
| 가스 센서 | 반도체 센서<br>표면 전위형 센서<br>연소식 센서<br>전해식 센서<br>고체 전해질 센서 | 흡착 효과<br>"<br>화학 반응<br>"<br>막선택 투과성 |
| 미각 센서 | (이온 센서)<br>(효소 센서)<br>(미생물 센서)<br>(면역 센서) | |

[표 1-2] 센서의 대상

| 분 류 | 대상량 |
|---|---|
| 기 계 | 길이, 두께, 변위, 액면, 속도, 가속도, 회전각, 회전수, 질량, 중량, 힘, 압력, 진공도, 모멘트, 회전력, 풍속, 유속, 유량, 진동 |
| 음 향 | 음압, 소음 |
| 주파수 | 주파수, 시간 |
| 전 기 | 전류, 전압, 전위, 전력, 전하, 임피던스, 저항, 정전 용량, 임덕턴스 |
| 온 도 | 온도, 열량, 비열 |
| 광 | 조도, 광도, 색, 자외선, 적외선, 광변위 |
| 방사선 | 조사선량, 선량률 |
| 습 도 | 습도, 수분 |
| 화 학 | 군도, 농도, 성분, pH, 점도, 입도, 밀도, 비중, 기체, 액체, 고체분석 |
| 생 체 | 심음, 혈압, 혈액, 충격, 혈액 산소 포화도, 혈액 가스 분압, 기류량, 속도, 체온, 심전도, 뇌파, 근전도, 망막 전도, 심자도 |
| 정 보 | 아날로그량, 디지털량, 연산, 전송, 상관 |

## 1-2 센서의 종류

### 온도센서

온도센서의 측정 대상은 기체, 액체, 고체, 플라스마, 생체 등이 있고 측정공간도 다양하다. 사용방법에는 측정하고자 하는 물체에 직접센서를 접촉하여 측정하는 접촉방식과 측정 대상물로부터 떨어져 원격 측정하는 비접촉식 방식으로 분류된다. 접촉식 방법으로는 서미스터, 열전대, 반도체 응용센서 등이 있고, 비접촉 방식으로는 파이로센서, 서모파일 등이 있다. 현재 온도센서는 에어콘 제어, 자동차엔진, 냉장고등 많은 곳에 사용되고 있다.

### 광센서

광센서는 파장에 따라 적외선센서, 가시광선센서, 자외선센서, X선센서, 감마선 센서 등으로 나눌 수 있다. 광센서가 동작되는 기본 원리는 광전자방출효과, 광도전효과, 광기전력 효과 등이 있다.

### 자기 센서

자계에 관련된 물리현상을 이용하여 자기센서를 만들었으며 홀소자, 홀IC, 자기저항소자, 자기트랜지스터, SQUID 등이 있다. 홀소자는 홀효과를 이용한 것으로 홀소자에 전류를 가하고 직각방향으로 자장을 가하면 전류와 자장에 직각방향으로 기전력이 발생하는 원리이다. 홀 IC는 홀소자의 단점인 감도를 개선하기 위하여 IC 기술를 이용하여 만든 것이다.

### 압력 센서

압력의 변화를 지침으로 나타낼 수 있게 한 것으로 압력의 크기를 다양한 방법에 의하여 표시하고 있다. 로드셀은 압력을 저항의 변화로 나타내어 전류의 크기로 나타낼 수 있다. 스트레인게이지는 압력, 하중, 변위, 속도, 가속도, 토크 등을 전기적신호로 변환하는 소자이다.

### 초음파 센서

초음파센서는 초음파를 측정대상물에 발사하여 대상물로부터 반사되어 나오는 시간을 측정하여 거리를 측정한다. 초음파센서에는 압전형 초음파 센서, 자기변형초음파센서, 전자기형초음파센서, 탄성표면파센서, 광파이브센서 등이 있다.

### 가스센서

가스센서는 기체 중에 섞여있는 특정한 기체의 유무를 판단하게 하는 센서이다. 가스센서에는 반도체 가스 센서, 접촉연소식 가스 센서, 고체 전해질식가스 센서, 전기화학식 가스 센서 등이 있다.

# 02 전자 센서제어 실험장치 규격

## 2-1 특 징

1. 모든 센서는 개방식 접점 방식을 채택하여 확장성이 뛰어나다.
2. 각종 회로의 입출력 신호는 집중식을 택하고 있어 실험시 결선에 편리하다.
3. 실험 과정 중의 모든 결선은 간편하게 할 수 있다.
4. 독립 설계로 휴대와 보관이 편리하다.
5. 휴대용 케이스에는 조작 설명도가 있어 따로 설명서를 볼 필요가 없다.
6. 센서실험기는 단독으로 각 센서와 연결하여 센서 특성 분석과 기초실험을 진행할 수 있고, 또한 인터페이스 카드와 PC를 연결하여 제어가 가능하다.
7. 단계적인 실험 내용을 통하여 사용자가 이용하기에 편리하게 되어 있다.

## 2-2 주기기 부분

### 1. 측정 회로

#### 1) 전원 공급기

4조의 직류 전원과 1조의 교류 전원을 공급한다.

| | |
|---|---|
| ① DC(직류) | + 5V / 3A |
| ② DC | − 5V / 500mA |
| ③ DC | + 12V / 2A |
| ④ DC | − 12V / 500mA |
| ⑤ AC(교류) | 20V / 500mA, 60Hz |

4조의 직류 전원은 과부하 및 단락 보호 회로를 포함한다.

### 2) 전압 측정 회로

- 전압량 측정 범위

  ① 0 – 0.5V, 0.05V / DIV

  ② 0 – 1V, 0.1V / DIV

  ③ 0 – 5V, 0.5V / DIV

  ④ 0 – 10V, 1V / DIV

LED표시기로 전압치를 표시한다.

### 3) 함수 발생기(function generator)

출력 파형 : 구형파(square–wave), 사인파(정현파), 삼각파(trapezoid)

- 출력 채널 범위

  ① 10Hz – 100Hz

  ② 100Hz – 1KHz

  ③ 1KHz – 10KHz

  ④ 10KHz – 100KHz

- 출력 전압

  ① 구형파 : 15 $Vpp$

  ② 사인파 : 8 $Vpp$

  ③ 삼각파 : 5.6 $Vpp$

### 4) 로직 위치 표준 탐지기

① 모두 8 level이다.

② 입력단이 Lo일 때 LED가 켜지지 않는다.

③ 입력단이 Hi일 때 LED가 켜진다.

### 5) 로직 위치 표준 개폐

① 모두 8 level이다.

② 입력단이 Lo일 때 0V를 출력한다.

③ 입력단이 Hi일 때 ±5V를 출력한다.

## 2. 제어 부품

### 1) 직류모터

① 구동 전류를 포함한 모터의 정역회전 및 회전속도를 제어할 수 있다.
② VM = 8 ~ 12V, la = 0.1A, T = 17.5 g.cm

### 2) 스피이커

① 8 Ohm, 0.25W
② 가청주파수 증폭기 및 음량 제어를 포함한다.

### 3) 계전기

① 모두 2조이며, 구동 회로 및 단자대를 포함한다(COM, NC, NO).
② 코일 전류 : 30mA
③ 조작 전압 : 5 V
④ 접점 전류 : 1 A

### 4) 부 저

① 구동 회로를 포함
② 구동 전압 : 5V
③ 진동 주파수 : 2.4 KHz
④ 음성 출력 : 80 dB

## 3. 보조 회로

### 1) 전압 증폭기

① 증폭률을 1, 10, 100, 1000으로 설정할 수 있다.
② 입력 기준 전압을 조정할 수 있다.

### 2) 슈미트 회로

도약 잡음 신호를 조성할 수 있다.

3) 전압 비교기(comparator circuit)

기준 전압을 조정할 수 있다.

## 2-3 센서 모듈 일련번호

| | |
|---|---|
| SB-01 | 광반응 전기저항 |
| SB-02 | Thermistor |
| SB-03 | 태양전지 |
| SB-04T | 적외선 송신기 |
| SB-04R | 적외선 수신기 |
| SB-06 | 알코올센서 |
| SB-07 | 가스센서 |
| SB-08 | 온도스위치 |
| SB-09 | 마이크로스위치 |
| SB-10 | 수은 스위치 |
| SB-11 | 자기스위치 |
| SB-12 | 온도센서(AD590) |
| SB-13 | 초음파 송/수신기 |
| SB-14 | 적외선 인체센서 |
| SB-15 | 압력스위치 |
| SB-16 | 자기센서 |
| SB-17 | 광차단기 |
| SB-18 | 소리센서 |

## 2-4 Interface Card 부분

1. 12 level A / D 전환기
2. 12 level D / A 전환기

3. 8255 Interface IC 두 개(모두 48 위원)
4. Interface Card의 Set Address는 000~3F로이다.

## 2-5 실험 교재

### 1. 기초실험

학습자가 컴퓨터 인터페이스 및 프로그램이 없이 각종 센서의 기본 특성과 응용만 집중해서 학습하고 이해하게 한다.

### 2. 고급실험

학습자가 각종 센서의 기본 특성을 이해하고 응용한 다음 다시 퍼스널 컴퓨터와 연결하여 인터페이스 카드와 프로그램을 응용하는 방법을 익혀 센서의 마이크로 컴퓨터로 제어하는 기능까지 학습하도록 한다.

# 03 전자센서 제어 실험장치 패널 설명



본 공업 전자 센서실험기는 모든 회로가(각종 센서를 제외한) 휴대용 케이스 안에 설치되어 있어 휴대와 보관이 용이한 동시에 판넬의 구분이 선명하고 보조 설명으로 실험할 때 쉽사리 혼동되지 않는다. 이하는 판넬의 각 항목에 대한 설명이다.

## 3-1 릴레이(계전기 : 구동 회로 포함)

1. 계전기(구동 회로 포함 : 2조)
   접점 전류 : 1A
2. 단자대 2조
   - COM : 계전기에 연결되는 공통 접점
   - NC : 계전기에 연결되는 Normally Close
   - NO : 계전기에 연결되는 Normally Open
3. 계전기 1의 CONTROL SIGNALS는 CN29([9])의 RL1에 입력
4. 계진기 2의 CONTROL SIGNALS는 CN29([9])의 RL2에 입력
5. [RL1], [RL2] CONTROL SIGNALS가 LO일 때 계전기가 작동한다.
   CONTROL SIGNALS가 HI일 때 계전기가 작동하지 않는다.

## 3-2 가청주파수 증폭기(스피커 포함)와 buzzer

1. VR1 : 가청주파수 증폭기 음량 조절
2. CN1 : 가청주파수 증폭기 입력신호원 선택

[EXT] 입력 신호원을 선택하여 CN6에 입력

[AD] 입력 신호원을 선택하여 A/D 전환기에 입력([9]의CN35 설명 참조)

3. buzzer제어 신호는 CN29([9])의 BZ로 입력

[BZ] 제어 신호가 Hi일 때 BUZZER 소리 안 남.

신호가 Lo일 때 BUZZER 소리가 안 남.

## 3-3 직류모터(정/역회전 회전속도 DRIVER 포함)

1. 직류모터의 시동과 정지를 제어할 수 있다.

제어 신호는 CN29([9])의 ON에 입력

[ON] 제어 신호가 Lo일 때 직류모터 시동

제어 신호가 Hi일 때 직류모터 정지

2. 직류모터의 회전 방향을 제어할 수 있다(시계 방향/반시계 방향).

제어 신호는 CN29([9])의 FOR에 입력

[FOR] 제어 신호가 Lo일 때 직류모터 시계 방향으로 회전

제어 신호가 Hi일 때 직류모터 반시계 방향으로 회전

3. 직류모터의 회전속도를 제어할 수 있다.

제어 신호는 CN29([9])의 ADC에 입력(이 때 CN35는 반드시 아래 MOTOR에 설정되어 있어야 한다. [9]의 CN 35 설명 참조)

[ADC] 제어 신호는 아날로그 신호 0−5volt이고 회전 속도와 입력 전압은 비례한다.

4. 신호 ON, OFF, ADC 의 직류모터에 대한 영향은 다음과 같다.

| [ON] | [FOR] | |
|---|---|---|
| Hi | Hi | 직류모터 정지 |
| Hi | Lo | 직류모터 정지 |
| Lo | Hi | 직류모터 반시계 방향으로 회전 속도는 ADC전압으로 제어 |
| Lo | Lo | 직류모터 시계 방향으로 회전 |

## 3-4 전압량 측정 회로

1. CN7 : 측정하려는 전압 입력단
2. CN8 : 전압량 측정 범위 설정

   [범위 1] 0 – 0.5 volt, RED표시기 하나가 켜질 때마다 0.05 volt

   [범위 2] 0 – 1 volt, RED표시기 하나가 켜질 때마다 0. 1 volt

   [범위 3] 0 – 5 volt, RED표시기 하나가 켜질 때마다 0. 5 volt

   [범위 4] 0 – 10 volt, RED표시기 하나가 켜질 때마다 1 volt

## 3-5 함수파 발생기

1. CN41 : 구형파 출력 블록, 15 *Vpp*
2. CN40 : 사인파 출력 블록, 8 *Vpp*
3. CN39 : 삼각파 출력 블록, 5 *Vpp*
4. CN9 : 출력파형 주파수 범위 선정

   CN9 : 단락협 위치 설정과 출력 파형 주파수 범위는 다음과 같다.

   ① 10Hz – 100Hz

   ② 100Hz – 1KHz

   ③ 1KHz – 10KHz

   ④ 10KHz – 100KHz
5. VR2 : 출력 파형 주파수 조정
6. VR3, VR4 : 파형은 수를 조정하며 공장 출하시 이미 조정되어 있다.

## 3-6 전압 증폭기

1. CN10 : 전압AMP의 증폭 배율 설정
   설정 가능한 증폭 배율은 1, 10, 100, 1000이다.

2. VR5 : 입력 기준 전압 조정

3. CN12 : 전압 AMP 입력단(1)
   단, 전원(+5V or +12V )을 사용하는 센서는 이 블록에서 입력한다.

4. CN11 : 전압 AMP 입력단(2)
   양전원(+12V or −12V )을 사용하는 센서는 이 블록에서 입력한다.

5. 전압 AMP 출력은 CN36([9])에 연결한다.
   CN36이 DC AMP로 설정되어 있으면 출력은 CN29의 ADC에 연결한다([9]의 CN36 설명 참조).

## 3-7 기압량 측정 회로

이 부분의 기압량 측정 회로는 기압 센서 전용 회로이다.

1. VR6 : 감도 조정

2. VR7 : 이득(GAIN)조정

3. CN13 : SB−15 기압 센서 틀 입력 블록

4. 기압 측정 회로 출력은 CN36([9])에 연결한다.
   CN36이 PRESS로 설정되어 있으면 출력은 CN29의 ADC에 연결한다([9]의 CN36 설명 참조).

## 3-8 로직 위치 표준 탐지기와 로직 위치 표준 스위치

1. 로직 위치 표준 탐지기의 입력 블록은 ([9]) CN31( LED2 – LED9 )과 연결되어 있다.
   입력 블록이 Hi일 때 LED 불이 켜진다.
   입력 블록이 Lo일 때 LED 불이 켜지지 않는다.

2. 로직 위치 표준 스위치의 출력 블록은 ([9]) CN32(SW1 – SW8)와 연결되어 있다.
   스위치가 위쪽의 Hi일 때 Hi 위치 표준으로 출력된다.
   스위치가 아래쪽의 Lo일 때 Lo 위치 표준으로 출력된다.

## 3-9 System 입출력과 외접 Micro-computer connector

### 1. CN27, CN28

본 실험기는 컨넥터 CN27.CN28을 경유하여 34Pin 배선이 Interface card에 연결되는 CN1, CN2 로 나누어지며 IBM PC와 호환된다.

- (주)인터페이스 카드의 규격은 다음과 같다.

  ① 8255
  ② 12 LEVEL 아날로그 디지털 변환기(ADC)
  ③ 12 LEVEL 디지털 아날로그 변환기(DAC)

### 2. CN29 - CN34

① 원공 컨넥터의 접점마다 각 부분의 입출력과 연결되어 있는 동시 CN27, CN28과 연결되어 있어 인터페이스 카드와 연결되도록 했다.
② 원공 컨넥터의 윗부분에 각 부분의 명칭을 명시했으며 하단에 인터페이스 카드 각 접점 명칭을 표시했다.

CN29 – CN34의 설명은 아래와 같다.

- CN29

TO CN36(ADC) : CN36에 연결한다.

CN36 : ADC 입력 신호 선택

(a) DC AMP를 선택할 때 전압 AMP(6) 출력은 CN29의 ADC에 연결한다.

(b) PRESS를 선택할 때 기압측정회로(7) 출력은 CN29의 ADC에 연결한다.

(c) ADC 접점 신호는 CN27을 거쳐 인터페이스 카드의 아날로그/디지털 전환기에 연결한다.

- TO CN35(DAC) : CN35에 연결한다.

CN35 : DAC 출력 신호 선택

(a) SP 를 선택할 때 CN29의 DAC를 가청주파수 증폭기 2. 입력 단자에 연결한다.

(b) MOTOR를 선택할 때 CN29의 DAC는 직류모터(3)의 회전 속도 제어에 연결한다.

(c) DAC접점 신호는 CN27을 거쳐 인터페이스 카드의 디지털/아날로그전환기에 연결한다.

FOR : 모터 정회전 제어(3) ⟶ 8255 (1) PORT A0
ON : 모터 시동 제어(3) ⟶ 8255 (1) PORT A1
RL1 : 계전기 1 제어(1) ⟶ 8255 (1) PORT A2
RL2 : 계전기 2 제어(1) ⟶ 8255 (1) PORT A3
BZ : Buzzer 제어2 ⟶ 8255 (1) PORT A4
IRT : 적외선 발신 제어(14) ⟶ 8255 (1) PORT A5
정의 안됨 ⟶ 8255 (1) PORT A6
정의 안됨 ⟶ 8255 (1) PORT A7

- CN30

미정의 명칭은 8255 (1) PORT C0–C7에만 결선 한다.

- CN31

LED2 : 논리 위치 표준 측정기 입력 1(8) ⟶ 8255 (1) PORT C0
LED3 : 논리 위치 표준 측정기 입력 2(8) ⟶ 8255 (1) PORT C1
LED4 : 논리 위치 표준 측정기 입력 3(8) ⟶ 8255 (1) PORT C2

LED5 : 논리 위치 표준 측정기 입력 4(8) ⟶ 8255 (1) PORT C3
LED6 : 논리 위치 표준 측정기 입력 5(8) ⟶ 8255 (1) PORT C4
LED7 : 논리 위치 표준 측정기 입력 6(8) ⟶ 8255 (1) PORT C5
LED8 : 논리 위치 표준 측정기 입력 7(8) ⟶ 8255 (1) PORT C6
LED9 : 논리 위치 표준 측정기 입력 8(8) ⟶ 8255 (1) PORT C7

- CN32

SW1 : 논리 위치 표준 스위치 출력 1(8) ⟶ 8255 (2) PORT A0
SW2 : 논리 위치 표준 스위치 출력 2(8) ⟶ 8255 (2) PORT A1
SW3 : 논리 위치 표준 스위치 출력 3(8) ⟶ 8255 (2) PORT A2
SW4 : 논리 위치 표준 스위치 출력 4(8) ⟶ 8255 (2) PORT A3
SW5 : 논리 위치 표준 스위치 출력 5(8) ⟶ 8255 (2) PORT A4
SW6 : 논리 위치 표준 스위치 출력 6(8) ⟶ 8255 (2) PORT A5
SW7 : 논리 위치 표준 스위치 출력 7(8) ⟶ 8255 (2) PORT A6
SW8 : 논리 위치 표준 스위치 출력 8(8) ⟶ 8255 (2) PORT A7

- CN33

IRR : 적외선 수신 신호(14) ⟶ 8255 (2) PORT B0
PH1 : 광차단기 1 신호(14) ⟶ 8255 (2) PORT B1
PH2 : 광차단기 2 신호(14) ⟶ 8255 (2) PORT B2
PIR : 인체 적외선 측정 신호(15) ⟶ 8255 (2) PORT B3
SQR : 초음파 측정 신호(13) ⟶ 8255 (2) PORT B4
정의 안됨 ⟶ 8255 (2) PORT B5
정의 안됨 ⟶ 8255 (2) PORT B6
정의 안됨 ⟶ 8255 (2) PORT B7

- CN34

VC1 : 전압 비교기 1 출력(12) ⟶ 8255 (2) PORT C0
VC2 : 전압 비교기 2 출력(12) ⟶ 8255 (2) PORT C1
ST1 : 슈미트 회로 1 출력(11) ⟶ 8255 (2) PORT C2
ST2 : 슈미트 회로 2 출력(11) ⟶ 8255 (2) PORT C3
ST3 : 슈미트 회로 3 출력(11) ⟶ 8255 (2) PORT C4

| | | |
|---|---|---|
| 정의 안됨 | ⟶ | 8255 (2) PORT C5 |
| 정의 안됨 | ⟶ | 8255 (2) PORT C6 |
| 정의 안됨 | ⟶ | 8255 (2) PORT C7 |

## 3-10 전원 공급

- CN42 : DC + 12V
- CN43 : DC − 12V
- CN44 : DC − 5V
- CN45 : DC + 5V
- CN46 : GND
- CN47, CN48 : AC 20V

## 3-11 슈미트 회로(모두 세조)

- CN17 : 슈미트 회로 1 입력단
- LED12 : 슈미트 회로 1 입력단이 Lo일 때 켜진다.
- LED13 : 슈미트 회로 1 입력단이 Hi일 때 켜진다.

슈미트 회로 1 출력 단자는 CN34([9])의 ST1에 결선 한다.

- CN18 : 슈미트 회로 2 입력단
- LED14 : 슈미트 회로 2 입력단이 Lo일 때 켜진다.
- LED15 : 슈미트 회로 2 입력단이 Hi일 때 켜진다.

슈미트 회로 2 출력 단자는 CN34([9]) 의 ST2에 결선 한다.

- CN19 : 슈미트 회로 3 입력단
- LED16 : 슈미트 회로 3 입력단이 Lo일 때 켜진다.
- LED17 : 슈미트 회로 3 입력단이 Hi일 때 켜진다.

슈미트 회로 3 출력 단자는 CN34([9])의 ST3에 결선 한다.

## 3-12 Comparator(모두 2조)

- CN14 : 전압 비교기 1 입력단
- VR9 : 전압 비교기 1 기준 전압 조정
- LED10 : 전압 비교기 1 입력 블록 전압이 기준 전압보다 높을 때 켜진다.
  전압 비교기 1 출력 블록은 CN34([9])의 VC1에 연결된다.

- CN15 : 전압 비교기 2 입력단
- VR8 : 전압 비교기 2 기준 전압 조정
- LED11 : 전압 비교기 2 입력 블록 전압이 기준 전압보다 높을 때 켜진다.
  전압 비교기 2 출력 블록은 CN34([9])의 VC2에 연결된다.
- CN16 Pin 1 : CN14 입력단 전압
- CN16 Pin 2 : VR9 기준 전압
- CN16 Pin 3 : CN15 입력단 전압
- CN16 Pin 4 : VR8 기준 전압

## 3-13 초음파 탐지 회로

- CN20 : 초음파 부품(SB 13) 입력단
- VR10 : 초음파 수신 감도 조정
- VR11 : 초음파 송신 채널 조정
- LED18 : 초음파 표시
  초음파 탐지 회로의 출력 블록은 CN33(9)의 SQR에 연결시킨다.

## 3-14 적외선 차단 및 광차단기 회로

- CN23 : 적외선 송신기에 연결(SB－04T)
- CN24 : 적외선 수신기에 연결(SB－04R)

- LED21 :적외선 송신 표시
- CN25 : ON : 적외선 송신기 송신 시작
- OFF : 적외선 송신기 송신 중지
- CTL : 적외선 송신기 송신 여부를 CN29([9])의 IRT로 제어한다.

  적외선 수신기 출력 블록은 CN33(9)의 IRR에 연결시킨다.

- CN22 : 광차단기에 결선(SB－17)
- LED19 : 광차단기 1 동작 표시
- LED20 : 광차단기 2 동작 표시

  광차단기 1 출력은 CN33(9)의 PH1에 연결시킨다.

  광차단기 2 출력은 CN33(9)의 PH2에 연결시킨다.

## 3-15 인체 적외선 탐지 측정 회로

- CN26 : 인체 적외선 탐지 측정기 입력 블록
- VR12 : 감지도 조정
- LED23 : 출력 표시

  인체 적외선 측정 회로 출력은 CN33(9)의 PIR에 연결시킨다.

# 04 회로도



## 4-1 계전기 회로

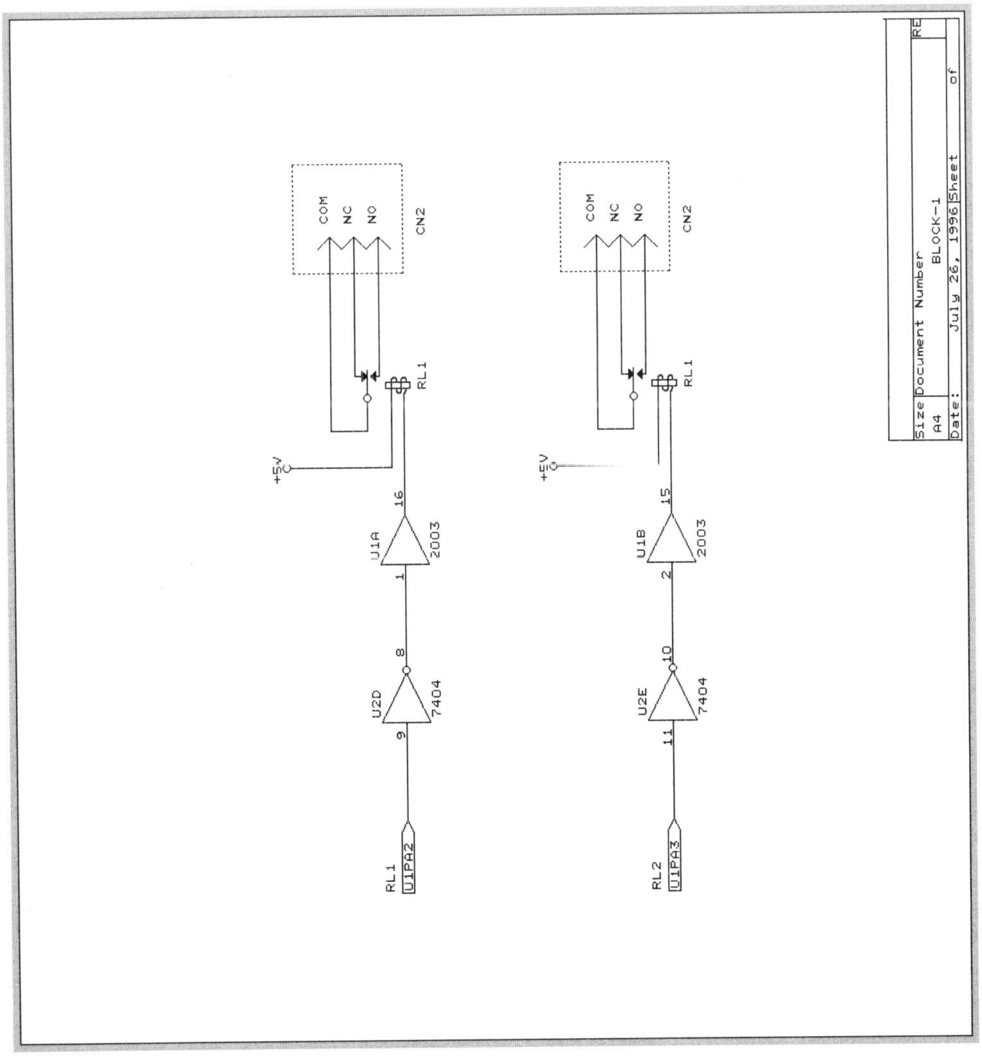

## 4-2 가청주파수 증폭기 및 buzzer

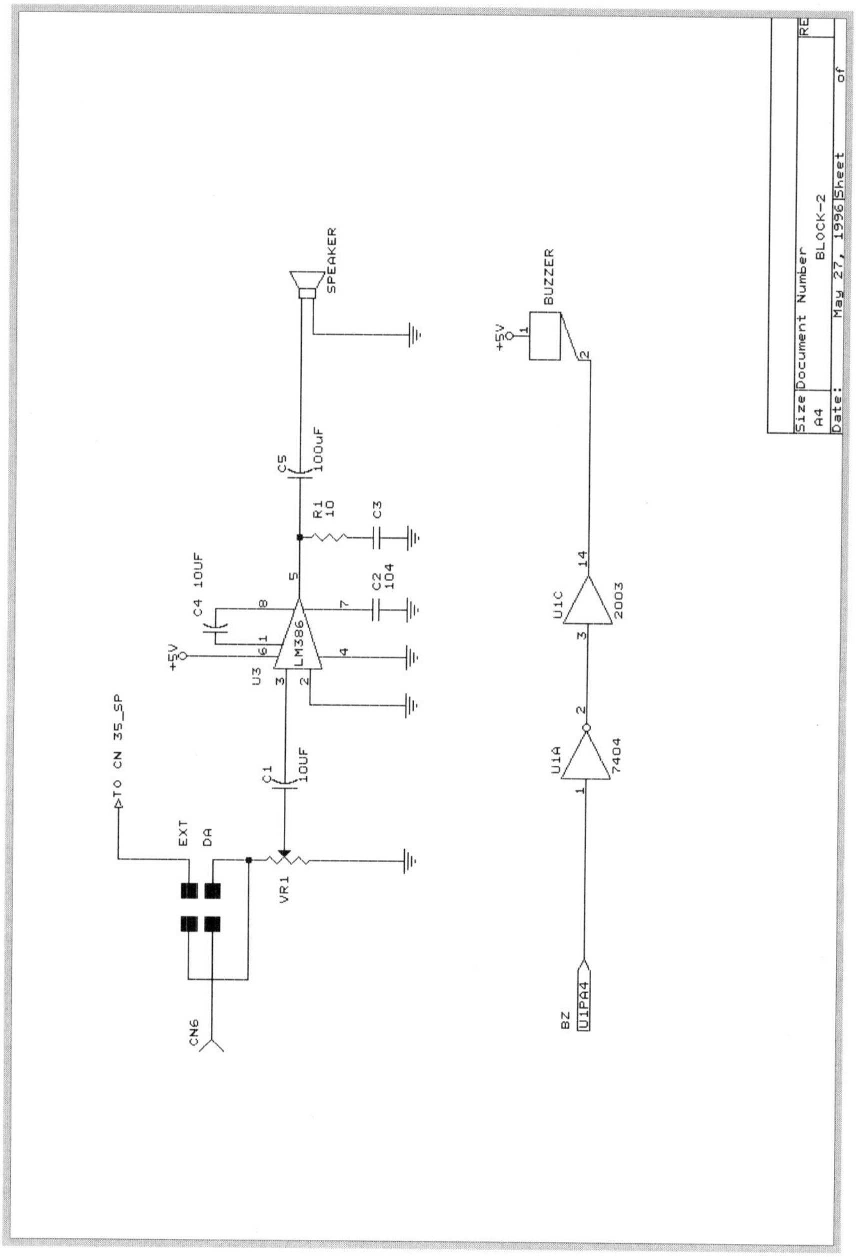

## 4-3 직류모터 구동 회로

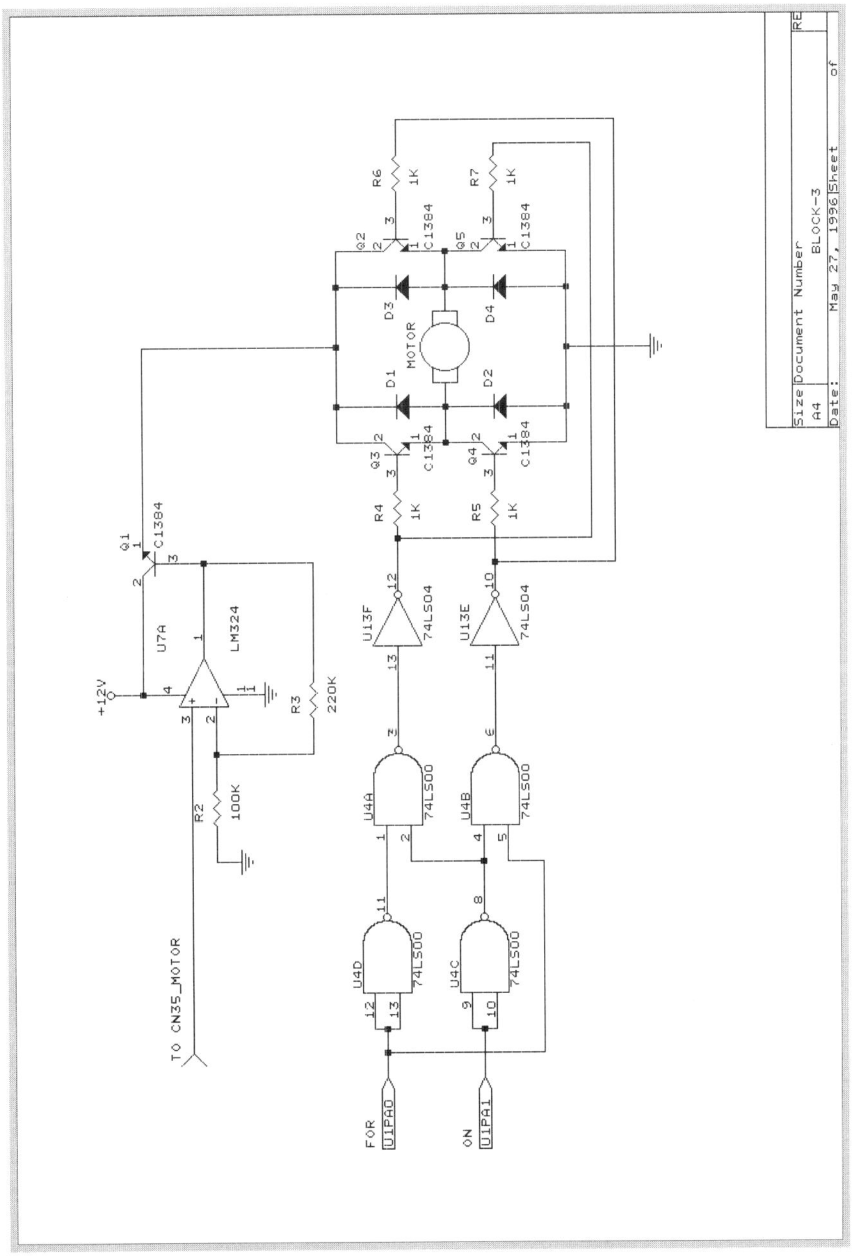

## 4-4 전압량 측정 회로

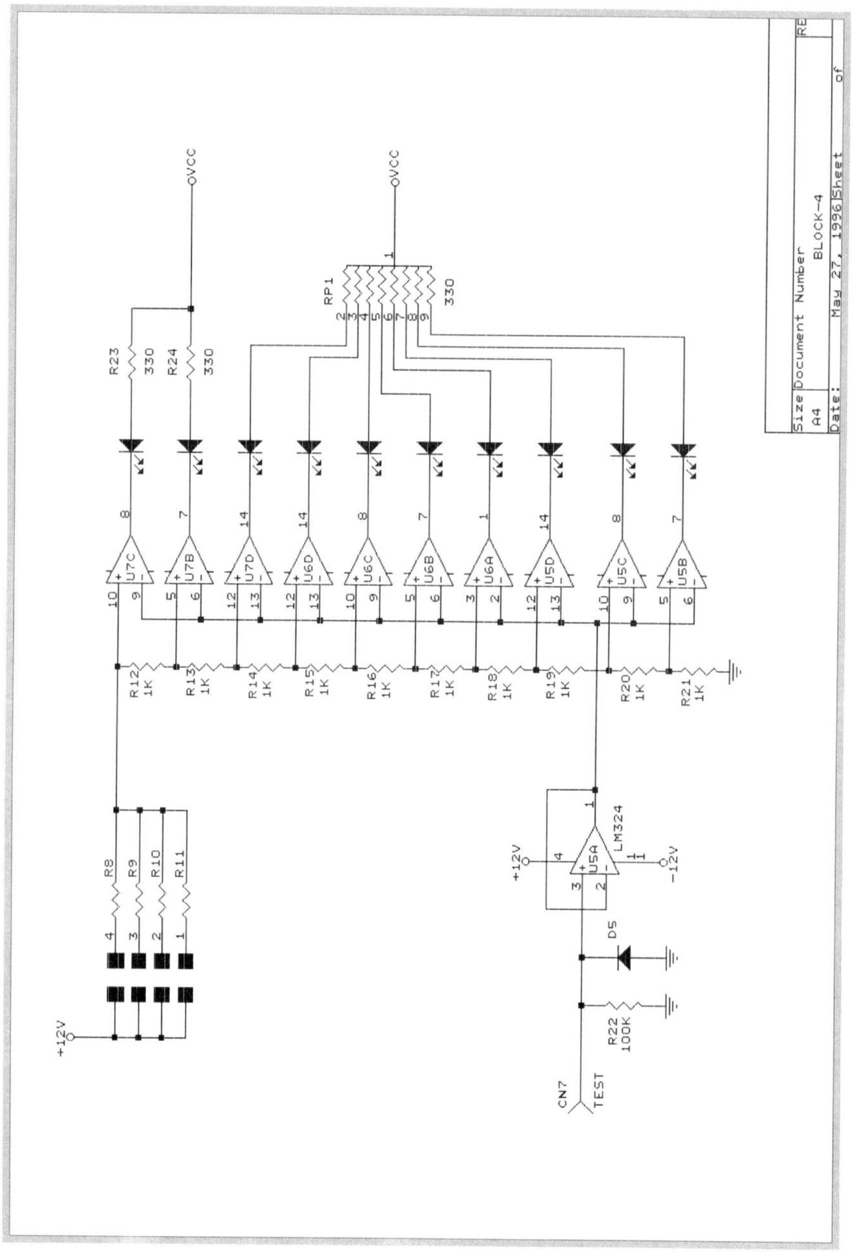
Size
A4
Document Number
BLOCK-4
Date: May 27, 1996
Sheet
of
VCC
RP1
330
LM324
U5A
+12V
-12V
D5
R22
100K
CN7
TEST

## 4-5 함수파 생산기

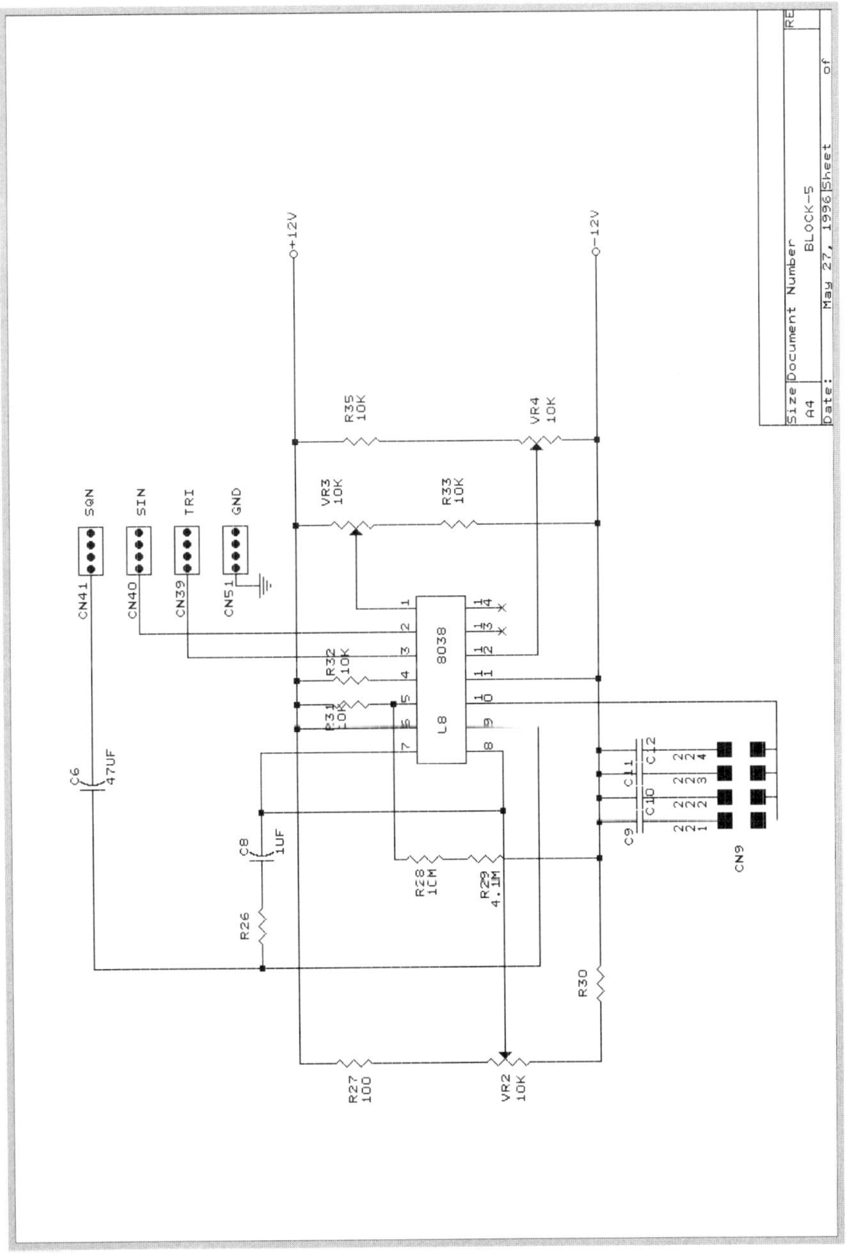

## 4-6 전압 증폭기

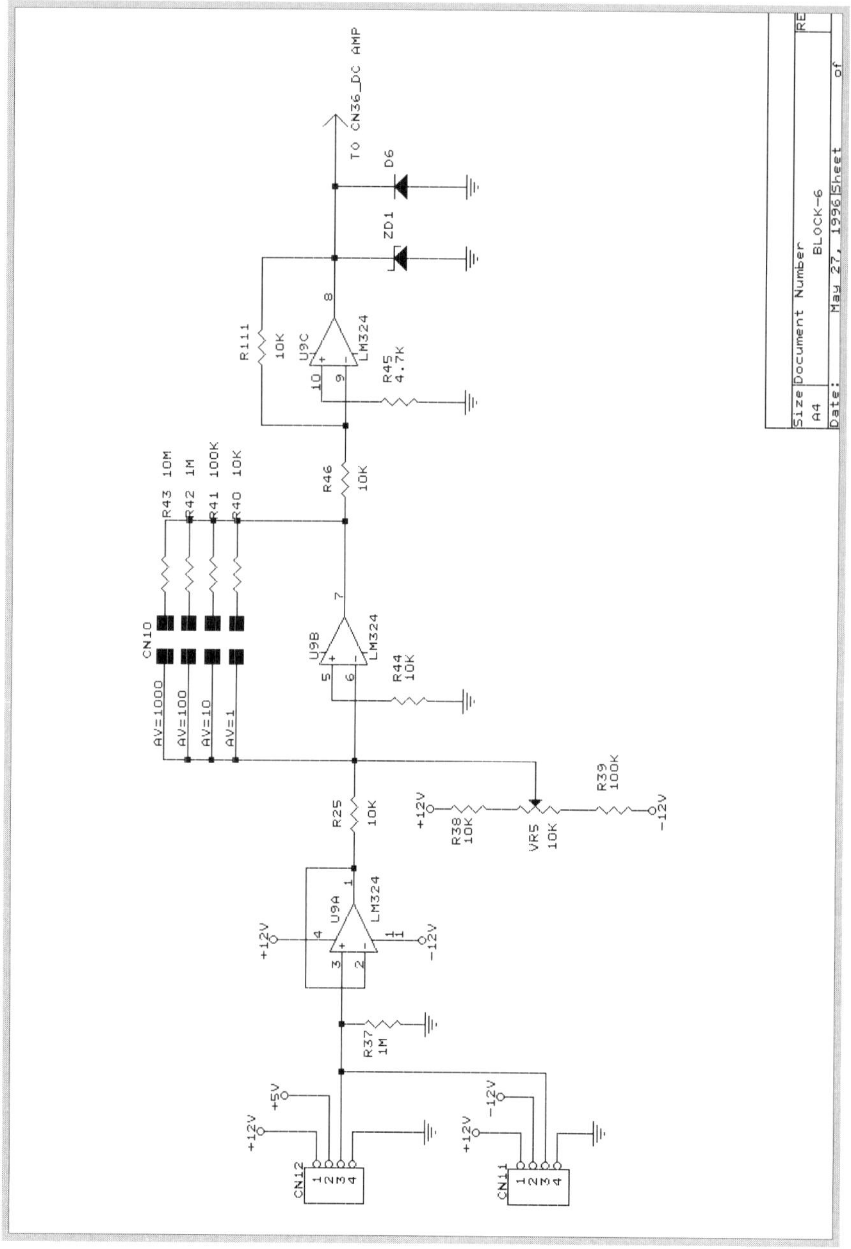
TO CN36_DC AMP
D6
ZD1
R111
10K
U9C
LM324
R45
4.7K
R46
10K
R43 10M
R42 1M
R41 100K
R40 10K
CN10
AV=1000
AV=100
AV=10
AV=1
U9B
LM324
R44
10K
R25
10K
R38
10K
VR5
10K
R39
100K
+12V
-12V
U9A
LM324
R37
1M
+5V
CN12
CN11
Size
Document Number
A4
BLOCK-6
Date:
May 27, 1996
Sheet
of

## 4-7 전압 측정 회로

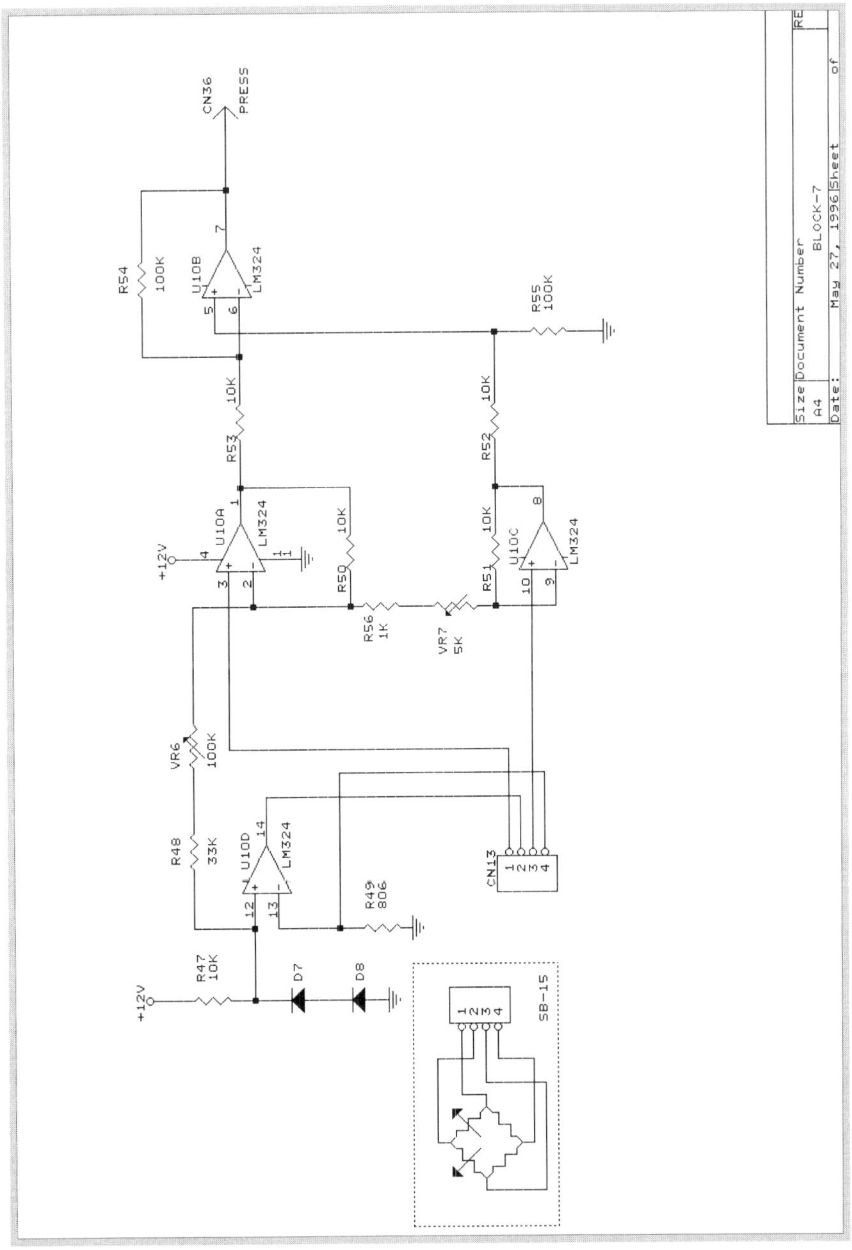
CN36
PRESS
R54
100K
U10B
LM324
R55
100K
R53
10K
R52
10K
+12V
U10A
LM324
R50
10K
R51
10K
U10C
LM324
R56
1K
VR7
5K
VR6
100K
R48
33K
U10D
LM324
R49
806
CN13
R47
10K
+12V
D7
D8
SB-15
Size
Document Number
RE
A4
BLOCK-7
Date:
May 27, 1996
Sheet
of

## 4-8 로직위치표준측정기 및 위치 표준 스위치

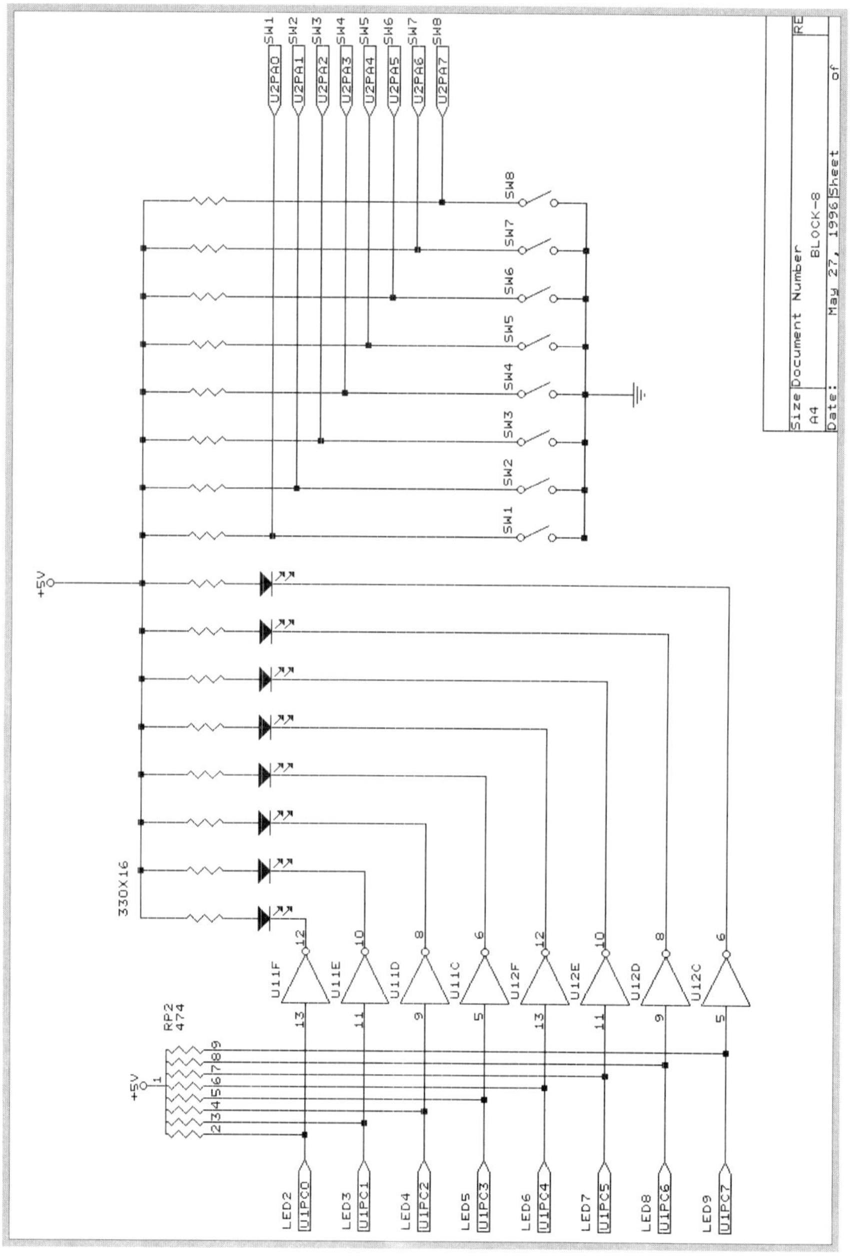

## 4-9 전원 공급

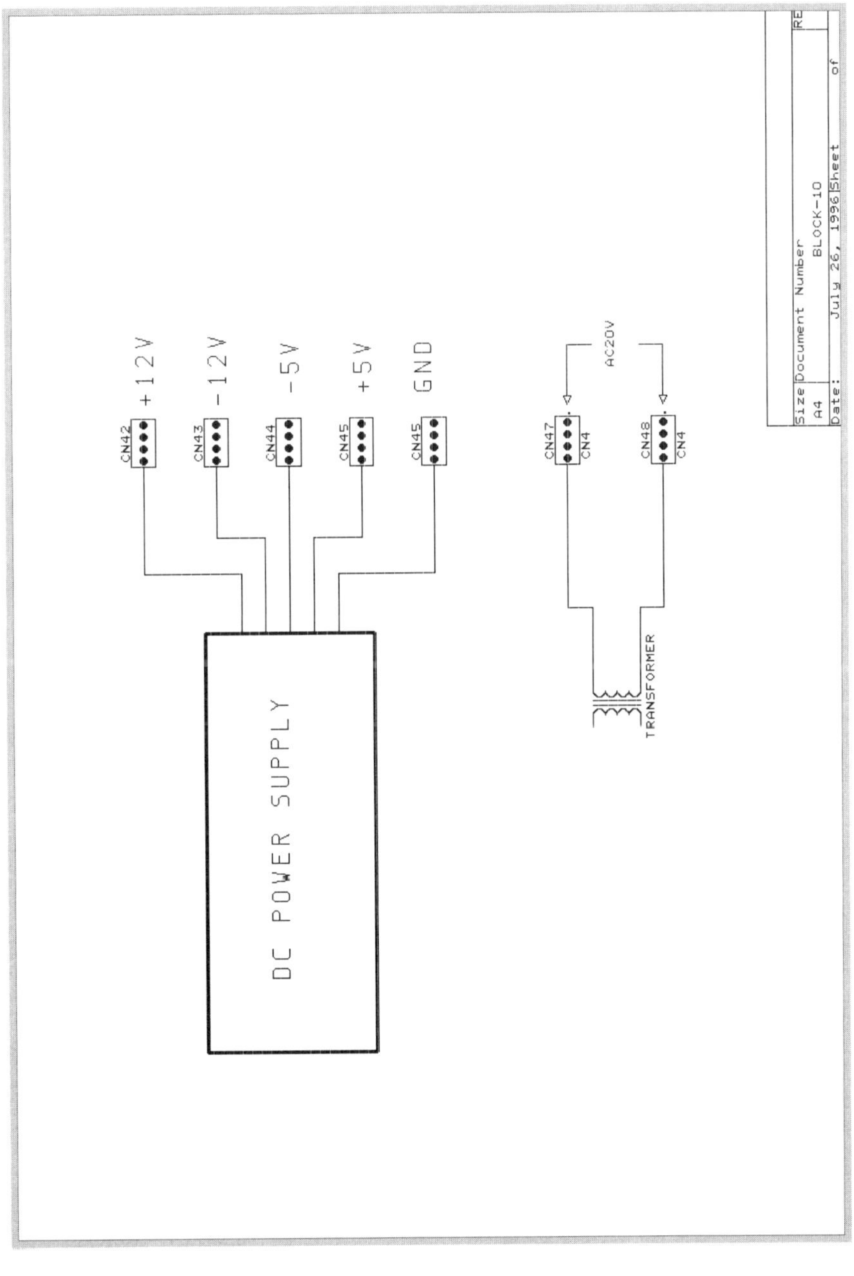
DC POWER SUPPLY
+12V
-12V
-5V
+5V
GND
CN42
CN43
CN44
CN45
CN45
CN47
CN4
CN48
CN4
AC20V
TRANSFORMER
Size Document Number
A4 BLOCK-10
Date: July 26, 1996 Sheet of

## 4-10 슈미트 회로

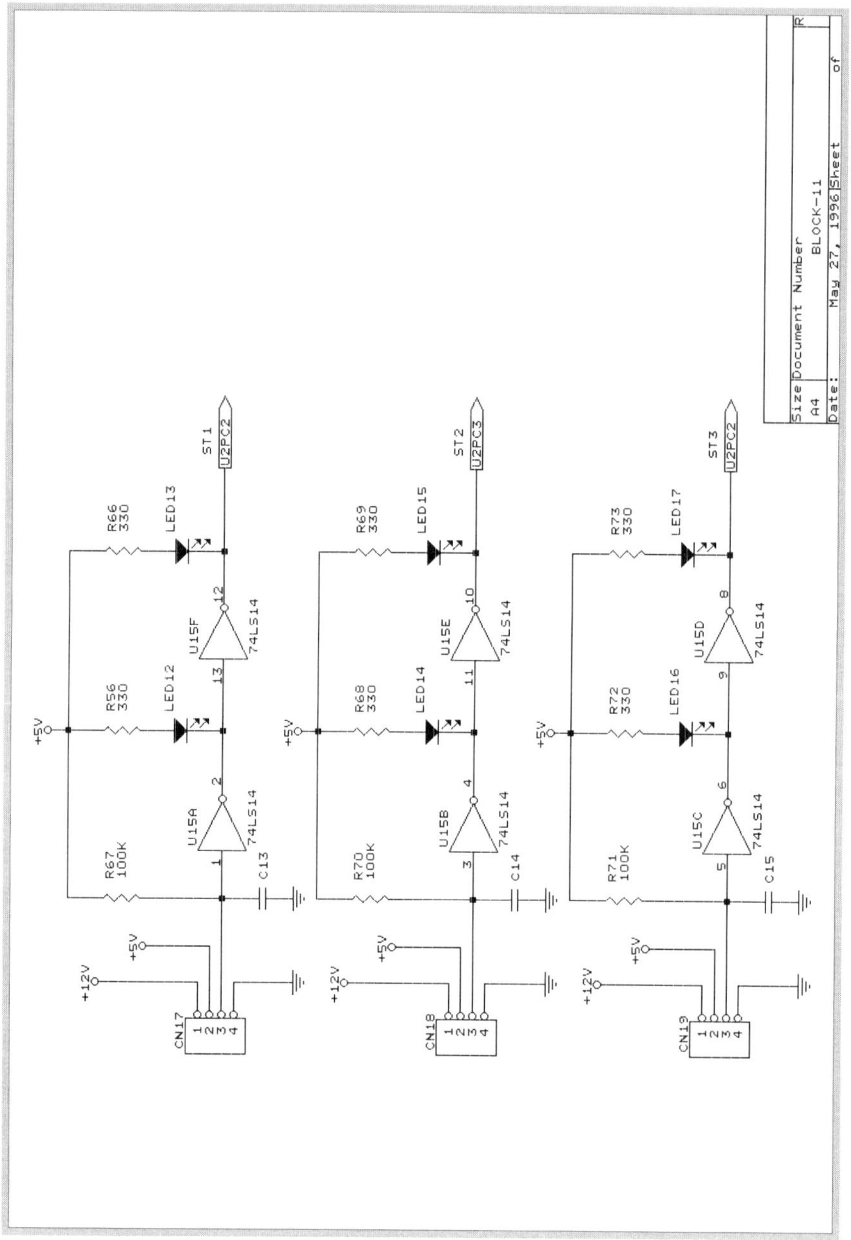
Size
A4
Document Number
BLOCK-11
Date:
May 27, 1996
Sheet
of
R
ST1
U2PC2
ST2
U2PC3
ST3
U2PC2
R66
330
R69
330
R73
330
LED13
LED15
LED17
U15F
U15E
U15D
74LS14
R56
330
R68
330
R72
330
LED12
LED14
LED16
U15A
U15B
U15C
R67
100K
R70
100K
R71
100K
C13
C14
C15
+5V
+12V
CN17
CN18
CN19

## 4-11 전압 비교기

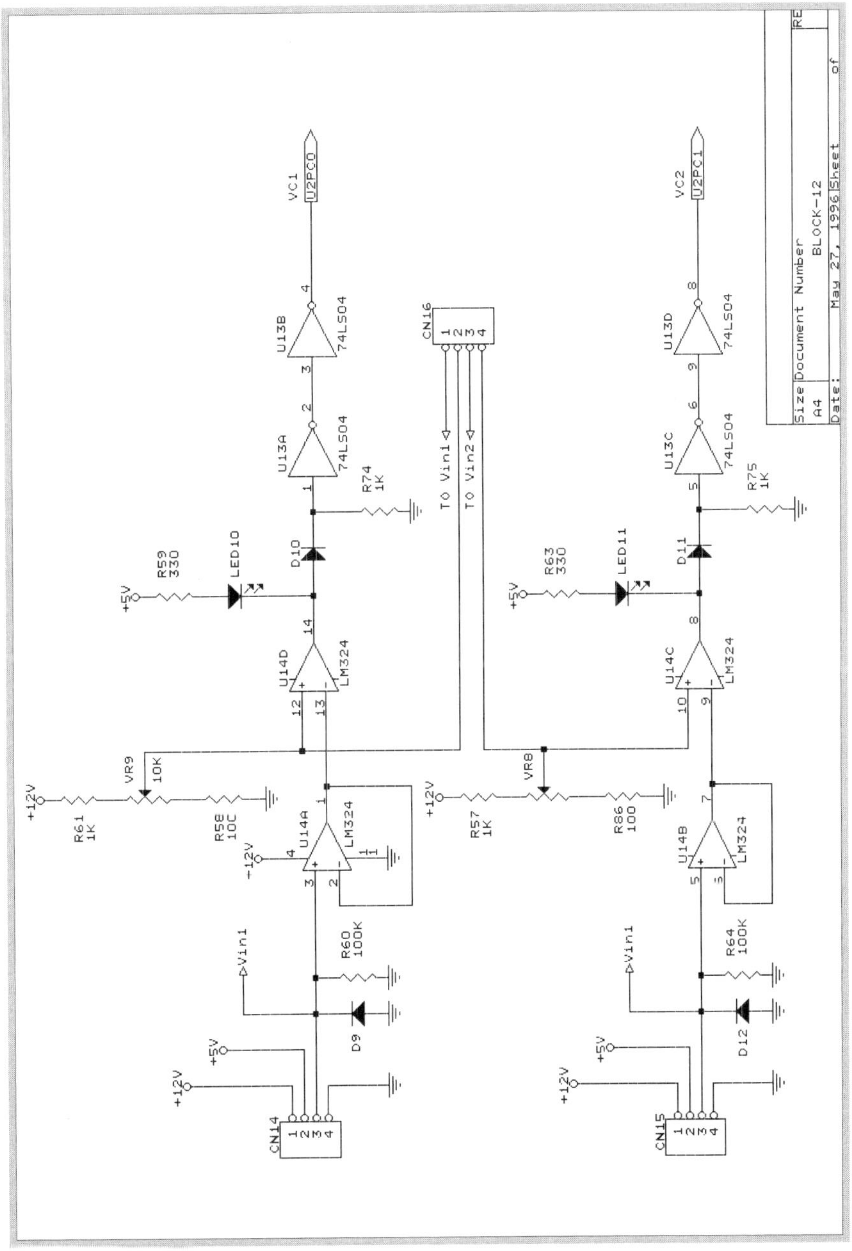
VC1
U2PC0
VC2
U2PC1
U13B
U13A
U13C
U13D
74LS04
U14A
U14B
U14C
U14D
LM324
CN14
CN15
CN16
TO Vin1
TO Vin2
Vin1
D9
D10
D11
D12
LED10
LED11
R59
330
R63
330
R74
1K
R75
1K
R60
100K
R64
100K
R61
1K
R57
1K
R58
10C
R86
100
VR9
10K
VR8
+12V
+5V
-12V
Size
A4
Document Number
BLOCK-12
Date:
May 27, 1996
Sheet
of

## 4-12 초음파 측정 회로

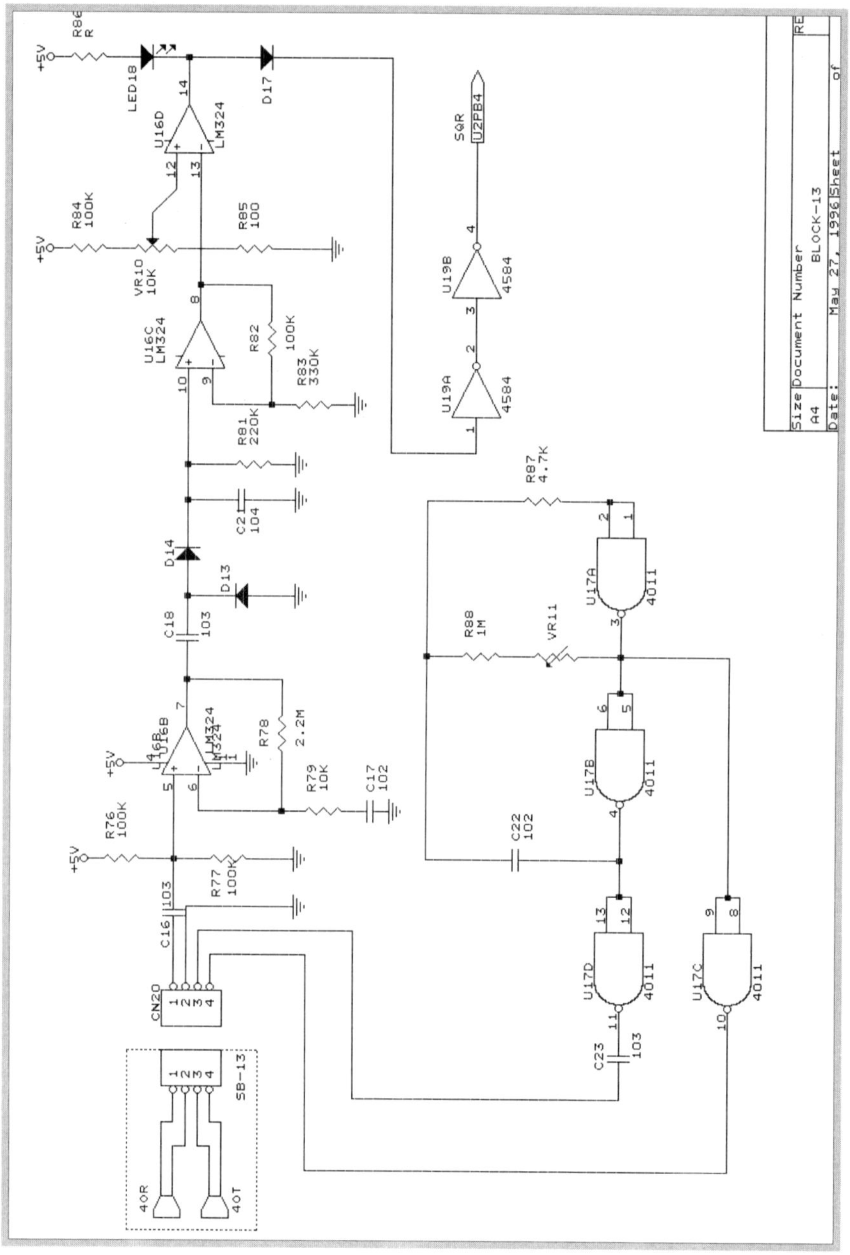
+5V
R86 R
LED18
D17
U16D LM324
R84 100K
R85 100
VR10 10K
U16C LM324
R82 100K
R83 330K
R81 220K
C21 104
D14
D13
C18 103
U16B LM324
R78 2.2M
R79 10K
C17 102
R76 100K
R77 100K
C16 103
CN20
SB-13
40R
40T
SQR
U2PB4
U19A 4584
U19B 4584
R87 4.7K
U17A 4011
R88 1M
VR11
U17B 4011
C22 102
U17D 4011
U17C 4011
C23 103
Size Document Number
A4 BLOCK-13
Date: May 27, 1996 Sheet of

## 4-13 적외선 및 광차단 회로

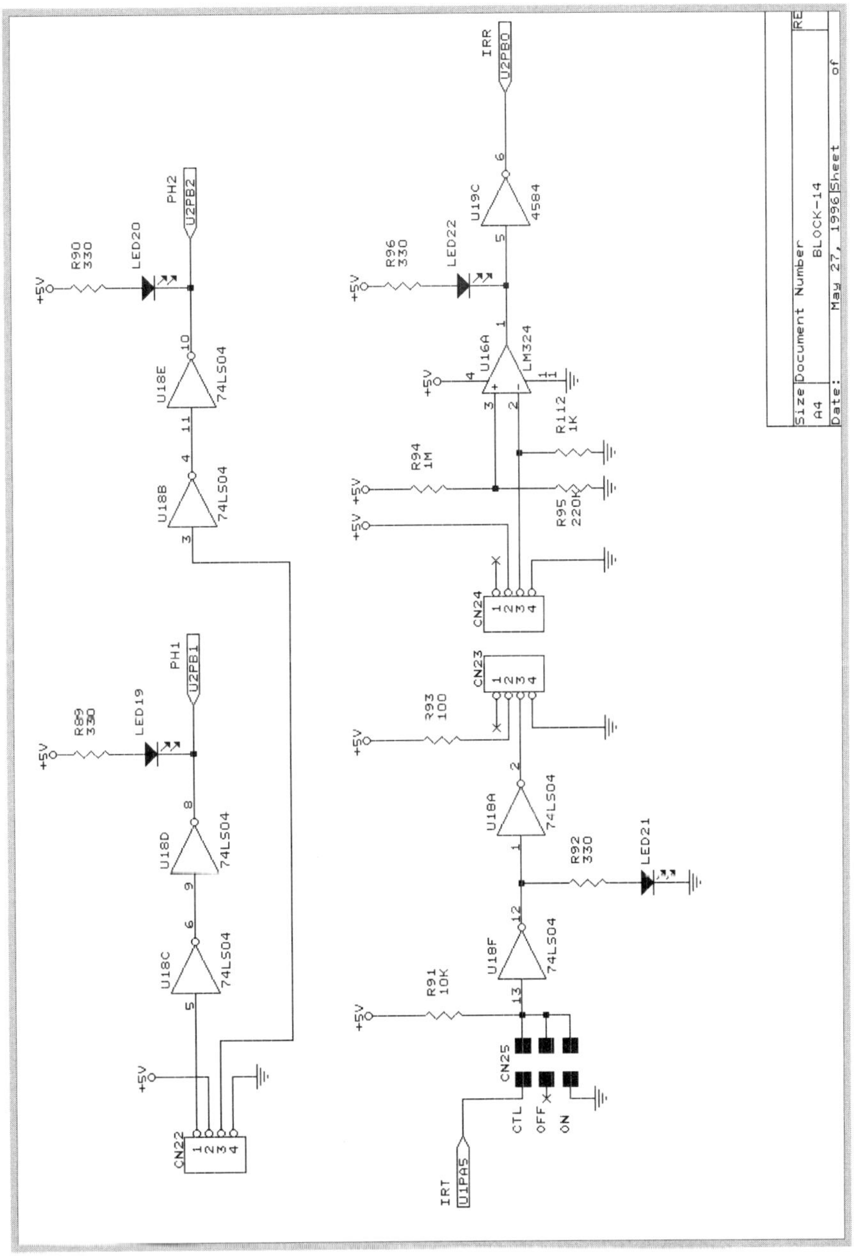

## 4-14 인체 적외선 측정회로

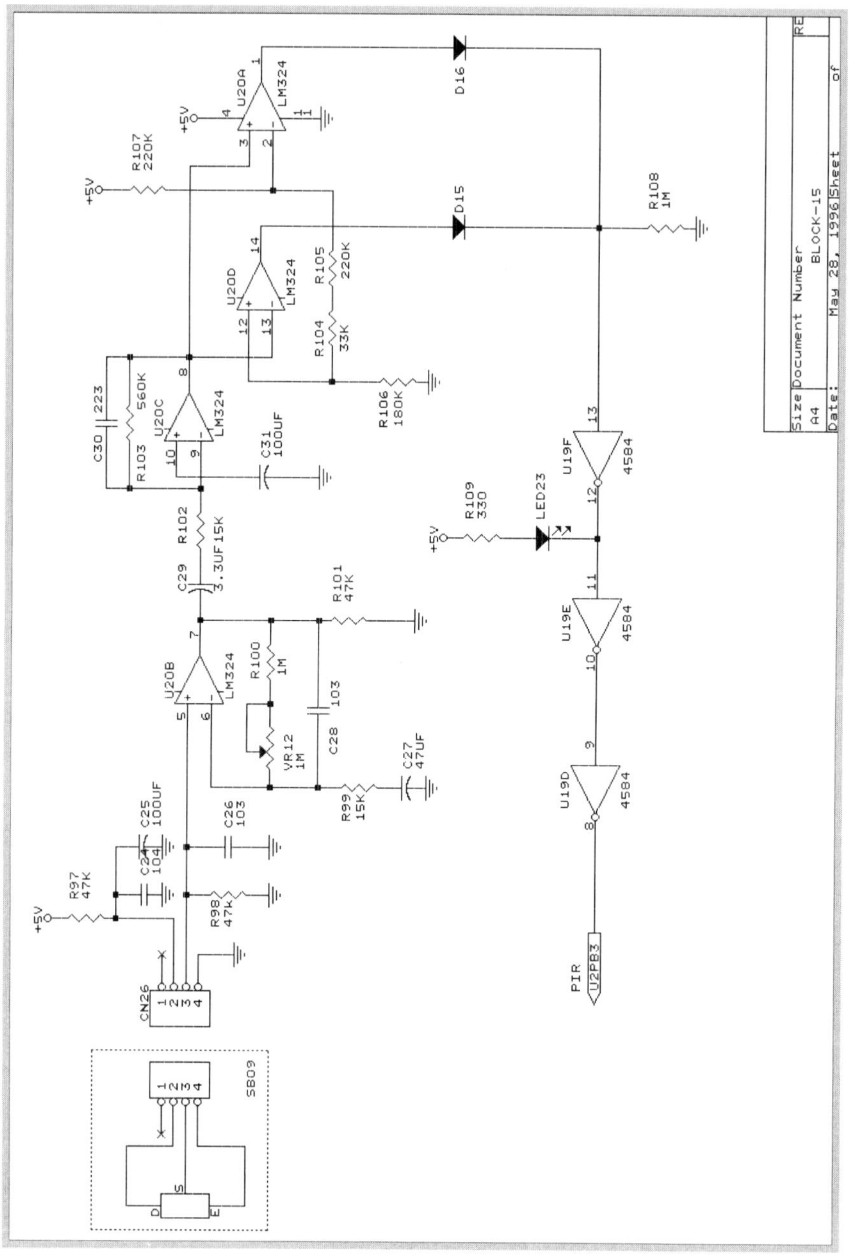

# 05 센서 기초실험



## 5-1 광 반응 전기저항 기초실험

### 1. 실험 목적

① 광 반응 전기저항의 원리와 특성을 이해한다.
② 광 반응 전기저항으로 광도를 측정한다.

### 2. 기본 원리

CDS광도 부품은 광 반응 전기저항이라고도 한다. 광 반응 전기저항은 그 저항치가 빛의 강약에 따라 변화하는 저항기이다. 광 반응 전기저항 표면에 쪼이는 광도가 강할 때 저항치는 하강하며 반대로 광 반응 전기저항 표면에 쪼이는 광도가 강하면 저항치는 상승한다.

광 반응 전기저항은 Photoconductive effect를 지닌 반도체 재료로 제조된다. 이런 도체 재료는 Cds, CdSe, 황화연(황화납) 등이 있다. 빛이 이러한 반도체의 표면에 비출 때 전자 전동(구멍)이 이동하게 되며 전도율이 증가하고 저항이 줄어든다. 광반응 전기저항의 구조 도는 그림 5－1－1과 같다.

광 반응 전기저항은 광 다이오드나 광 트랜지스터보다 값싸고 쉽게 구할 수 있다. 그와 동시에 광 반응 전기저항은 감광 부품과 전기 저항기의 특성을 모두 지니고 있다.

회로 설계가 용이하므로 회로 설계자가 종종 사용한다. 그러나 광반응 전기 저항은 빛에 대한 반응 속도가 비교적 느려서 고속의 광전 스위치에는 부적당하다. 아래는 광반응 전기저항의 특색 및 결점이다.

### 특 징

① 가시 광선 영역 내에서 분광 감도가 있다.
② 전류를 비교적 많이 출력할 수 있다.
③ 교류 동작이 가능하다.

### 결 점

① 반응 속도가 느리다.
② 조도가 낮을 때 잔류 특성이 뚜렷하다.
③ 주위의 빛의 교란을 받기 쉽다.

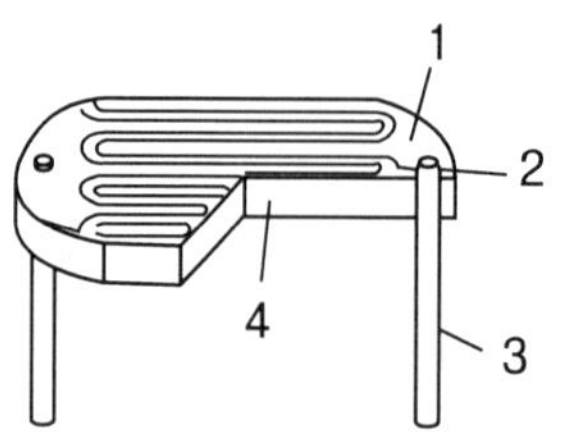


그림 5-1-1 광반응 전기저항의 구조도

SB－01 은 그림 5－1－2와 같고 광반응 전기저항의 저항치와 빛의 강도는 반비례한다. 광선이 강할 때 저항치는 낮고, 광선이 약할 때 저항치가 높다. 그래서 압력 분배 정리에 의해 SB－01의 Pin 3의 출력 전압은 광선이 강할 때의 전압이 비교적 높고 광선이 약할 때 전압이 낮다.

$$V(Pin\ 3) = 5V \times [\ 10K / (\ 10K + Rcds\ )]$$

SB－01을 연선으로 전압비교기[12]의 입력( CN14 or CN15 )에의 결선은 그림 5－1－3과 같이 SB－01의 출력 전압이 전압 비교기의 기준 전압보다 클 때 전압 비교기가 시동되며(출력 = Lo) 반대로 출력 전압이 전압 비교기의 기준 전압보다 작으면 전압 비교기는 Hi를 출력한다.

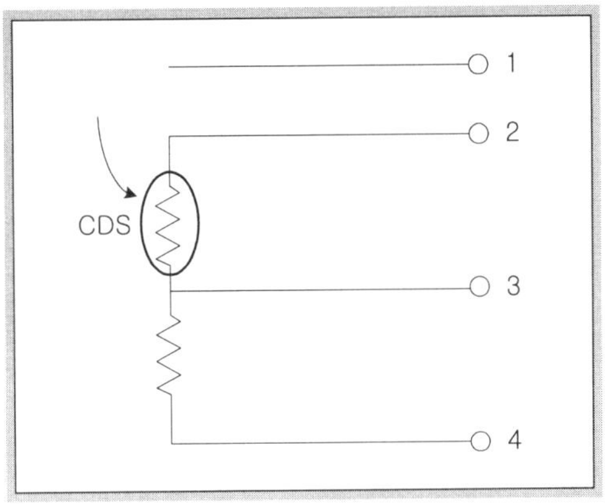


그림 5-1-2 SB-01 회로도

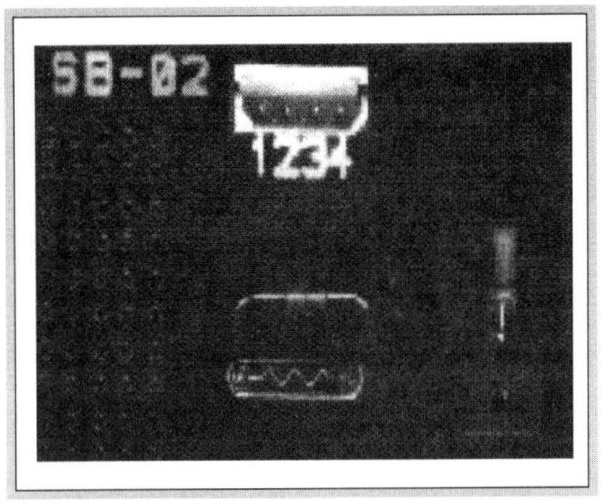


사진 5-1 SB-01

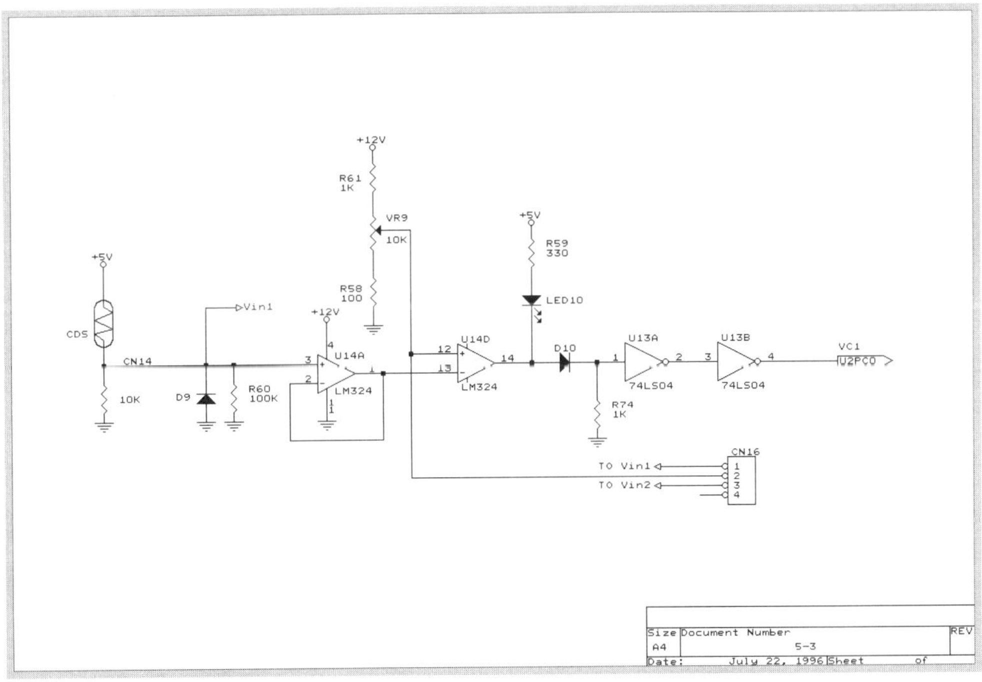


그림 5-1-3 광 반응 전기저항 응용 회로

## 3. 사용기재

- 전자 센서 제어 실험기
- SB-01(광반응전기저항)

- 연선(4P) 1가닥
- 단심선(5cm) 1가닥
- 단심선(25cm) 1가닥

## 4. 실험 순서

① SB－01을 연선으로 전압 비교기의 입력단 CN14에 연결

② 전압 측정 회로의 CN8을 3(측정범위 0 － 5 [V])에 선정

③ 단선(25cm)으로 CN16의 Pin1과 CN7의 TEST에 연결

④ 손으로 SB－01위의 광반응전기저항을 가리고 광반응전기저항에 비추는 광선을 바꾸면서 전압화 현상을 관찰한다.
빛이 강할 때, 전압 __________ (상승 or 하강)
빛이 약할 때, 전압 __________ (상승 or 하강)
빛이 측정하려는 강도일 때 전압( $V_{tr}$) 기록

⑤ 전압비교기의 비교기준전압을 조정하고 단선을 CN16의 끝에 연결하고 Pin 1에 연결하고 VR9를 조정하여 전압이 $V_{tr}$보다 약간 높게 한다.

⑥ 다시 한번 손으로 SB－01위의 광반응 전기저항을 가리고 광반응 전기저항에 비추는 광선을 바꾸면서 LED 10을 관찰
빛이 강할 때, LED10은 (켜짐 or 꺼짐)
빛이 약할 때, LED10은 (켜짐 or 꺼짐)

⑦ 단선(5cm)으로 CN34의 VC 1과 CN29의 BZ를 연결하면서 광선의 강약이 변할 때 buzzer에 대한 영향관찰.
답 :

⑧ 단선(5cm)로 CN34의 VC 1과 CN29의 RL 1 or Rl 2를 연결하면서 광선의 강약 변화시 계전기에 대한 영향을 관찰.
답 :

# 5-2 Themister 기초실험

## 1. 실험 목적

① Themister의 원리와 특성을 이해한다.
② Themister로 온도를 측정한다.

## 2. 기본원리

Themister은 온도민감도에 대한 전기저항기이다. 저항치는 주변온도변화에 따라 증감할 수 있으며 산화망간, 산화니켈 등 금속산화물을 함금하여 제조한 것이다. Themister은 그 저항치가 온도의 영향을 받고 변하는 상황에 따라 다음과 같이 나눌 수 있다.

1. Positive Temperature Cofficient(PTC)
2. Negative Temperature Cofficient(NTC)

PTC형의 저항치와 온도는 정비례를 이룬다. 즉, 온도가 상승하면 저항치는 증가한다. 반면, NTC형의 저항치와 온도는 반비례를 이룬다. 즉, 온도가 상승하면 저항치는 감소한다. Themister의 저항치와 절대온도간의 관계식은 아래와 같다.

$$R=RO \times exp \times B[(1/T)-(1/TO)]$$

그 중에서 R : Themister가 절대온도 T일 때의 저항치
Ro : Themister의 절대온도 To일 때의 저항치
B : Themister의 열저항계수

SB－02는 그림 5－2－1과 같이 Themister의 저항치와 온도가 반비례를 이룬다.

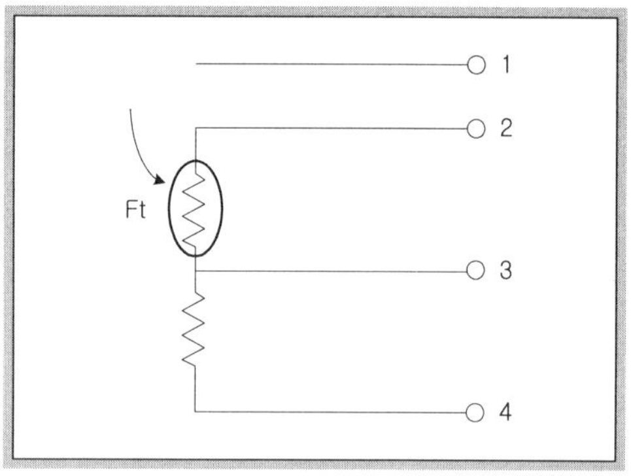


그림 5-2-1 SB-02 회로도

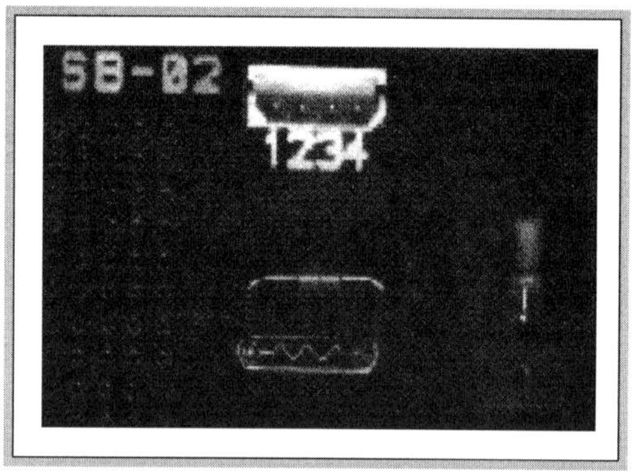


사진 5-2 SB-02

온도가 높을 때 저항치는 낮고, 온도가 낮을 때 저항치는 높다. 그래서 전압분배의 정리에 의해 SB-02의 Pin 3출력 전압은 온도가 높을 때 전압이 비교적 높고 온도가 낮을 때 전압도 낮다. Pin3출력전압은 아래 공식과 같다.

$$V(Pin3) = 5V \times 10K/(10K+R_{th})$$

SB-02을 연접선으로 전압비교기[12]의 입력(CN14 or CN15)에 연결한다. 그림 5-2-2와 같이 SB-02의 출력전압이 전압비교기의 참고(기준)전압보다 크면 전압비교기는 작동한다(출력 = Lo). 반대로 출력전압이 전압비교기의 참고(기준)전압보다 적으면 전압비교기는 HI를 출력한다.

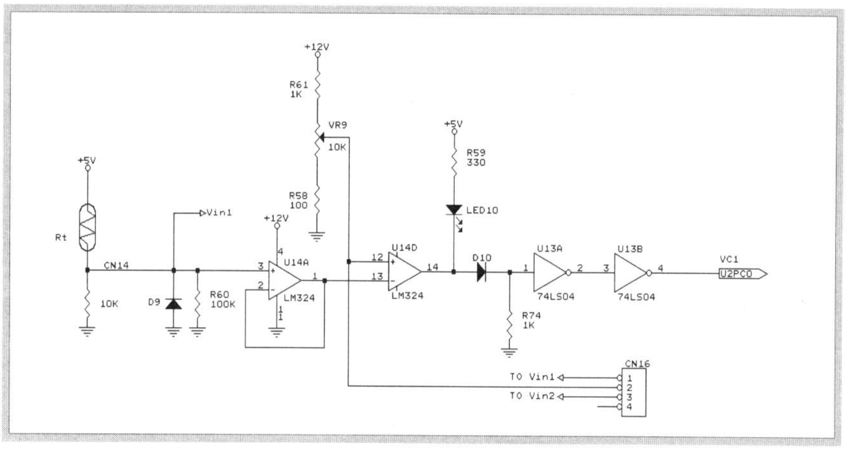


그림 5-2-2 Themister 응용회로

## 3. 사용기재

- 전자 센서랩
- SB－02(Themister)
- 연접선 1가닥
- 단심선(5cm) 1가닥
- 단심선(25cm) 1가닥

## 4. 실험 순서

1. SB－02를 연선으로 전압비교기의 입력단 CN14에 연결.

2. 전압측정회로의 CN8을 3(측정범위 0 － 5 [V])에 선정.

3. 단선(25cm)로 CN16의 Pin2와 CN7의 TEST에 연결.

4. 드라이기나 전기 인두의 절열선 부분으로 Themister의 온도를 변경시키면서 전압변화 상태를 관찰한다.
   고온일 때, 전압 ___________
   저온일 때, 전압 ___________
   측정하려는 온도일 때의 전압 $V_{tr}$기록

5. 전압비교기의 비교기준전압을 조정
   단선을 CN16의 끝에 연결하고 Pin 1에 연결하고 VR 9를 조정하여 전압이 $V_{tr}$보다 약하게 한다.

6. 다시 드라이어나 전기인두의 필라멘트부분으로 Themister의 온도를 바꾸면서 LED 10을 관찰.
온도가 높을 때, LED16은 __________(켜짐 or 꺼짐)
온도가 낮을 때, LED16은 __________(켜짐 or 꺼짐)

7. 단선(5cm)으로 CN34의 VC 1과 CN29의 BZ를 연결하면서 온도변화시 buzzer에 대한 영향 관찰
   답 :

8. 단선(5cm)로 CN34의 VC 1 과 CN5의 RL 1 or Rl 2를 연결하면서 온도 강약변화시 계전기에 대한 영향을 관찰.
   답 :

## 5-3 태양전지 기초실험

### 1. 실험 목적

① 태양전지의 원리와 특성을 이해한다.
② 태양전지로 광도를 측정한다.

### 2. 기본원리

태양전지는 태양에너지를 전기에너지로 전환할 수 있는 부품이다. 주로 규소(silcon), (비화총)비소와 수소화합물 및 인화 등 광전볼타작용을 가진 재료로 제조한다. 그 정공은 무척협소하고 자유전자는 커서 사용할 때 bias전압을 가할 필요가 없다.

빛이 태양전지 표면에 비칠 때 그 내부에서 전자대가 형성될 수 있고 이러한 전자대가 정공에 빨려가면서 재결합하며 전류가 형성된다.

입사광의 반사계수를 줄이기 위해 태양전지의 표면에 $si\,O_2$ 나 $Ta_2O_5$를 발라 입사광의 전환효율을 증가시킨다.

- SB－03 : 그림 5－3－1과 같이 태양전지의 전압과 광선의 강도는 정비례하며 광선이 강할 때 전압치는 높고 빛이 약할 때 전압치는 낮다. 그래서 SB－03의 Pin 3출력전압은 빛이 강할 때 전압이 비교적 높고 빛이 약할 때 전압이 낮다.

SB－03을 연접선으로 전압비교기(12)입력(CN14 or CN15)에 연결시키면 그림 5－3－2와 같다. SB－03의 출력전압이 전압비교기의 참고(기준)전압보다 높으면 전압비교기가 시동된다. (출력 = Lo), 반대로 출력전압이 전압비교기의 참고(기준)전압보다 높으면 전압비교기는 Hi를 출력한다.

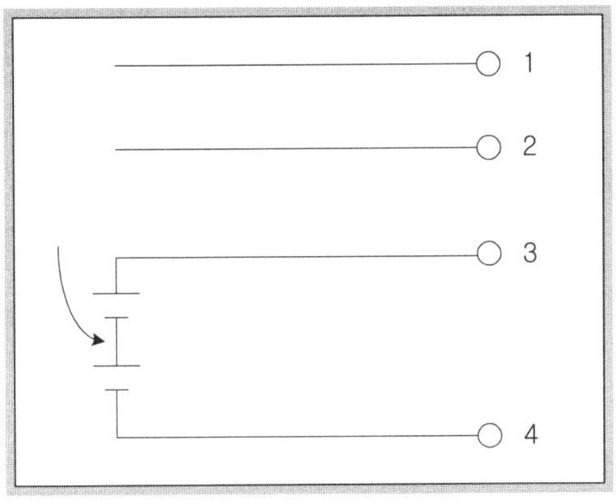


그림 5-3-1 SB-03 회로도

사진 5-3 SB-03

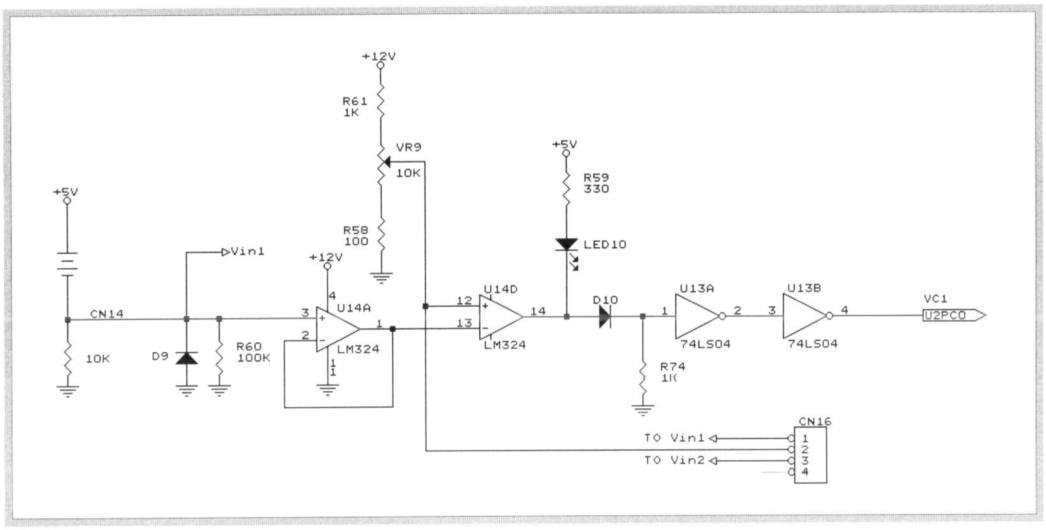


그림 5-3-2 광전지 응용회로

## 3. 사용기재

- 전자 센서 랩
- SB-03(태양전지)
- 연접선 1가닥
- 단심선(5cm) 1가닥
- 단심선(25cm) 1가닥

## 4. 실험 순서

1. SB−03을 연접선으로 전압비교기[12]의 입력 CN14에 연결.

2. 전압측정회로의 CN8을 3(측량범위 0 − 5[V])으로 선정.

3. 단심선(25cm)으로 CN16의 Pin과 CN7의 TEST을 연결

4. 손으로 SB−03의 태양전지를 가리고 태양전지를 비추는 빛의 세기를 바꾸면서 전압을 관찰

   빛이 강할 때 전압은 __________(상승 or 하강)
   빛이 약할 때 전압은 __________(상승 or 하강)
   빛의 강도를 측정할 때의 전압( $V_{tr}$)기록

5. 전압비교기의 비교참고(기준)전압조정
   단심선을 CN16의 한 끝에 연결하고 Pin2로 옮긴다. 아울러 VR9를 조정, 전압이 $V_{tr}$보다 약간 높인다.

6. 다시 한번 손으로 SB−01위의 태양전지를 가리고 태양전지에 비추는 빛을 변경하는 동시에 LED 10 관찰

   빛이 강할 때, LED10 __________( 켜짐 or 꺼짐 )
   빛이 약할 때, LED10 __________( 켜짐 or 꺼짐 )

7. 단선(5cm)로 CN34의 Vc1과 CN29의 RL1이나 RL2를 연결하면서 빛의 강약 변화가 계전기에 미치는 영향을 관찰
   답 :

8. 단선(5cm)로 CN34의 VC1과 CN29의 RL1이나 RL2를 연결하면서 빛의 강약변화가 계전기에 미치는 영향관찰
   답 :

# 5-4 적외선차단 기초실험

## 1. 실험 목적

① 적외선차단의 원리와 특성을 이해한다.
② 적외선발신, 수신기로 광차단 실험을 한다.

## 2. 기본원리

일반인간의 눈이 볼 수 있는 빛의 파장은 400nm~780nm인데 적외선의 파장은 800nm~1500nm으로 인간의 눈으로는 볼 수 없는 영역이다.

인간의 눈으로 볼 수 없는 것이기에 적외선은 도난방지설비나 군사적 용도에 응용된다.

적외선 센서의 종류는 많으나 크게 양자형과 열형으로 나뉜다.

양자형센서는 광전효과가 있는 광다이오드 및 광전도효과(photocon- ductive effect)가 있는 반도체 소자가 등이 있으며 열형센서는 열전효과가 있는 열전도 및 초전효과가 있는 초전식 적외선 센서가 있다.

적외선차단기의 기본회로는 적외선을 발신할 수 있는 적외선 다이오드 및 적외선에만 민감하게 반응하는 적외선 수신 다이오드를 한 쌍으로 하며 사용할 때 그림 5-4-1처럼 적외선 다이오드에 정방향 바이어스를 가하며 그것이 적외선 광을 발사하게 되고 적외선 수신다이오드는 역방향 바이어스에서 작동하게 된다.

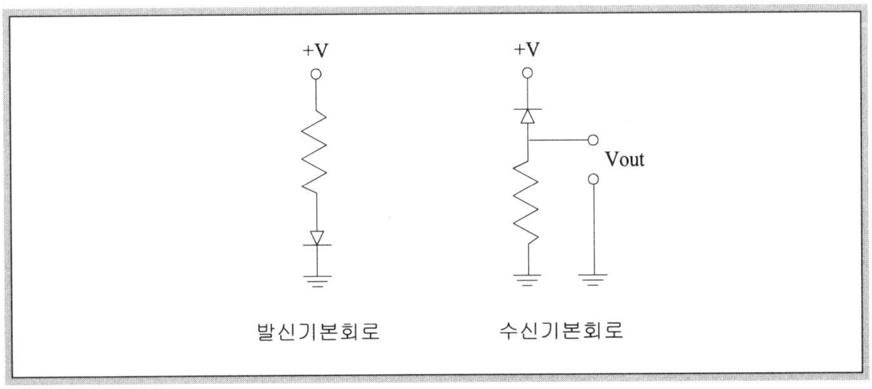


그림 5-4-1 적외선 발신, 수신 기본회로

때로는 발신·수신간의 거리를 증대시키기 위해 보통 주기가 짧은 대전류 펄스로 적외선 발광 다이오드를 작동시켜 비교적 강한 적외선 광속을 발신시킨다. 이렇게 하여 발신, 수신간의 거리를 증가시킨다.

SB−04T와 SB−04R은 그림 5−4−2와 같이 SB−04T는 적외선발신기로 PC보드에는 적외선 발광다이오드를 포함한다.

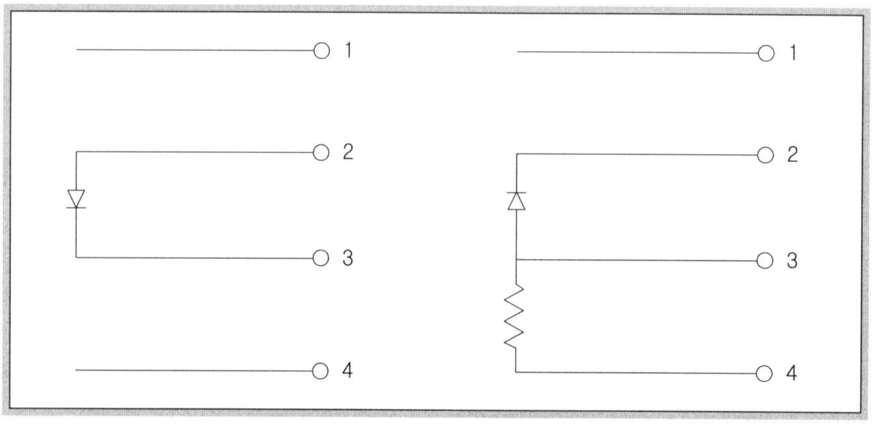


**그림 5-4-2** SB-04T와 SB-04R 회로도

**사진 5-4** SB-04T와 SB-04R

SB−04R은 적외선 수신기로 PC보드 위에 적외선 수신 다이오드가 있다. 사용할 때 SB−04T를 [14]의 CN 24에 연결하고, SB−04R은 [14]의 CN24에 그림 5−4−3처럼 연결한다. U18F인버터 스위치의 입력단자를 ON의 위치로(Lo입력위치표준) 설정하면 전류는 적외선 발광다이오드로 흘러가고 적외선 발광 다이오드는 연속해서 적외선광을 발신한다.

SB−04R위의 적외선 수신 다이오는 적외선 광이 쪼이지 않을 때 출력은 +Vcc, U19B인버터 스위치의 출력은 Lo이다. 적외선 발광 다이오드가 수신한 적외선 광이 적외선 수신 다이오드에 비출 때 전류는 적외선 수신다이오드가 전기저항기 Ri로 흐르고 저항기 Ri의 생성전압이 내려가서 연산증폭기의 입력(−)전압이 입력(+)전압보다 크게 된다. 그래서 연산증폭기는 0 V를 출력하며 U19B인버터는 Lo를 출력. LED22는 켜지게 된다.

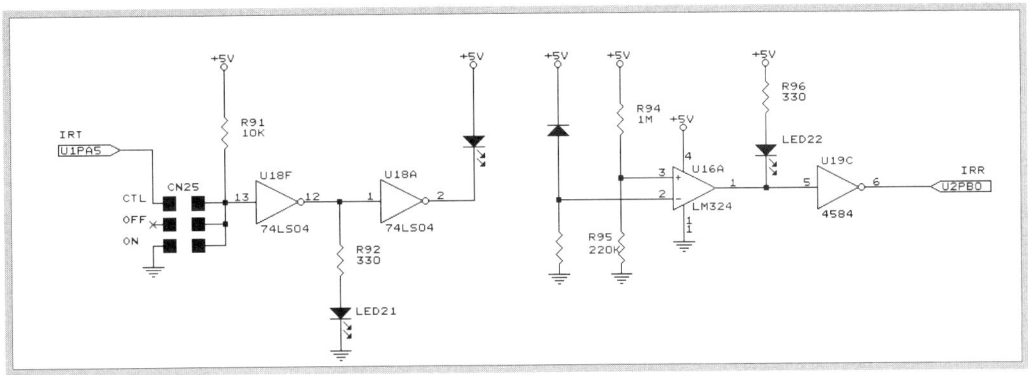


그림 5-4-3 적외선 응용 회로

## 3. 사용기재

- 전자 센서 랩
- SB−04T(적외선 발광기)
- SB−05R(적외선 수광기)
- 연접선 2가닥
- 단심선(5cm) 2가닥

## 4. 실험 순서

1. SB−04T를 연선으로 [14]적외선회로의 CN23에 연결
2. SB−04R을 연선으로 [14]적외선회로의 CN24에 연결
3. CN25를 ON으로 설정하여 SB−04T(적외선 발광기)가 적외선을 연속발사 하게 한다.
4. SB−04T, SB−04R을 적당한 거리(약 10cm)로 떨어져 마주보게 하여 고정한다.

(주)SB−04R의 적외선 수신다이오드는 외부에 노출되어 있으므로 외부광선의 교란을 받을 수 있으므로 실험시 SB−04R을 가능한한 어두운 곳에 둔다.

5. 하드보드지나 광선을 차단할 수 있는 물체로 SB−04T와 SB−04R 간을 막는다.
LED22에 대한 변화관찰
답 :

6. 단심선(5cm)로 CN33의 IRR과 CN29의 B2연결
동시에 적외선 광을 물체가 차단할 때 Buzzer에 대한 영향 관찰.
답 :

## 5-5 알코올 측정기 기초실험

### 1. 실험 목적

① 알코올 측정기의 원리와 특성을 이해한다.
② 알코올 측정기로 알코올 농도측정을 한다.

### 2. 기본원리

알코올 측정기의 구조도는 그림 5−6−1과 같이 센서, 가열코일, 이중 스테인레스 방화망과 촉배단자를 포함한다. 그중 센서는 알코올 측정기의 전체body 이며 표면에 이산화망간을 칠한 세라믹관이다. 세라믹관의 양끝은 도금한 틀을 전극으로 삼는다.

가열코일은 세라믹관 안에 있으며 사용할 때 가열코일에 전원이 통하면 세라믹관(센서부품)이 골고루 가열될 수 있다. 공기중의 알코올기체가 존재할 때 세라믹관 표면으로 흡수될 수 있으며 세라믹관 표면의 이산화 망간과 작용하며 산소분자는 방출, 세라믹관의 전도성이 향상되며 저항도 감소된다.

이중 스테인레스 방화망의 주된 기능은 내부의 가열코일 공기간의 가연성 기체와 격리시킴으로써 공기간의 가연성 기체가 내부의 가열코일 때문에 정화되는 것을 촉매단자는 외부회로와 연결하기에 편하다.

알코올 측정기 사용할 때 가열코일은 반드시 전원을 통하는데 주요목적은 세라믹관이

골고루 가열되게 하려는 것이다. 세라믹관 온도가 아직 안정되지 않았을 때 알코올 측정기의 저항도 불안정하다. 그래서 알코올 측정기를 사용할 때 반드시 일정한 시간동안 가열해 줘야만(약 1~3분) 알코올 측정기의 특성이 안정된다.

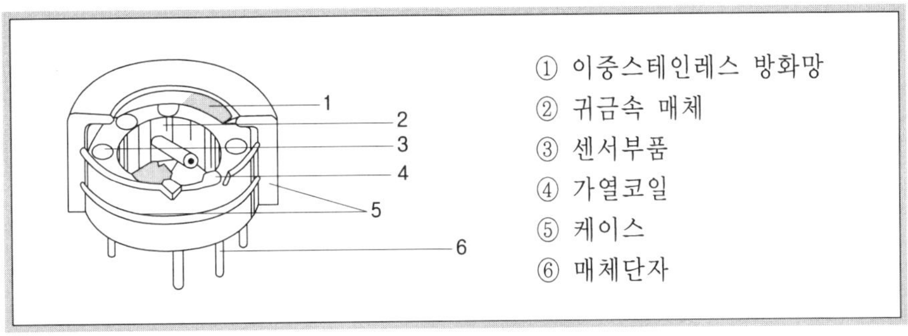


그림 5-5-1 알코올 측정기 구조도

SB-06은 그림 5-5-2와 같이 알코올 측정 저항과 알코올 농도가 반비례하므로 전압분배의 정리에 의해 SB-06의 Pin 3의 출력전압은 알코올 농도가 강할 때 전압이 비교적 높고 알코올 농도가 낮을 때 전압이 낮다. SB-06은 연선으로 전압 비교기에 [12]입력(CN14, CN15)에 그림 5-5-3처럼 연결한다.

알코올 농도가 짙어서 SB-06의 출력압력이 전압비교기의 참고압력보다 클 때 전압비교가 시동(출력=Lo), 반대로 알코올 농도가 낮아 출력전압이 전압비교기의 참고(기준)압력보다 작을 때 전압비교기는 Hi를 출력한다.

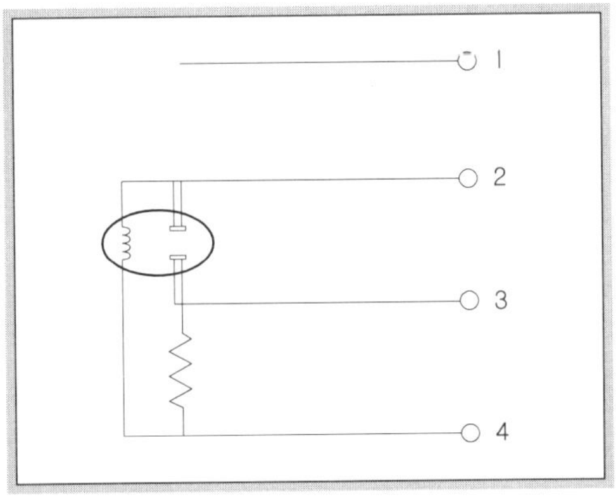


그림 5-5-2 SB-06 회로도

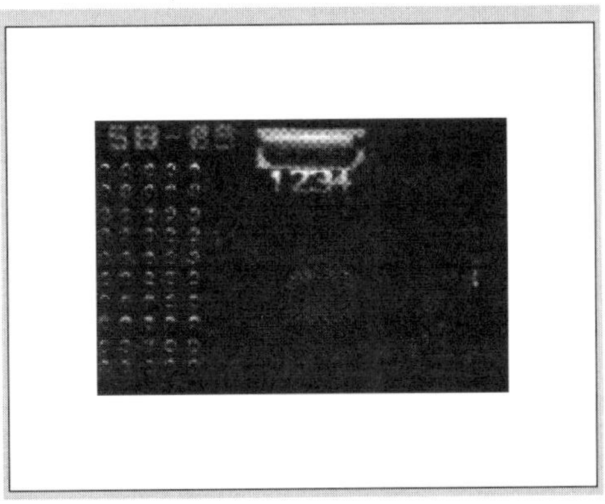

사진 5-5 SB-06

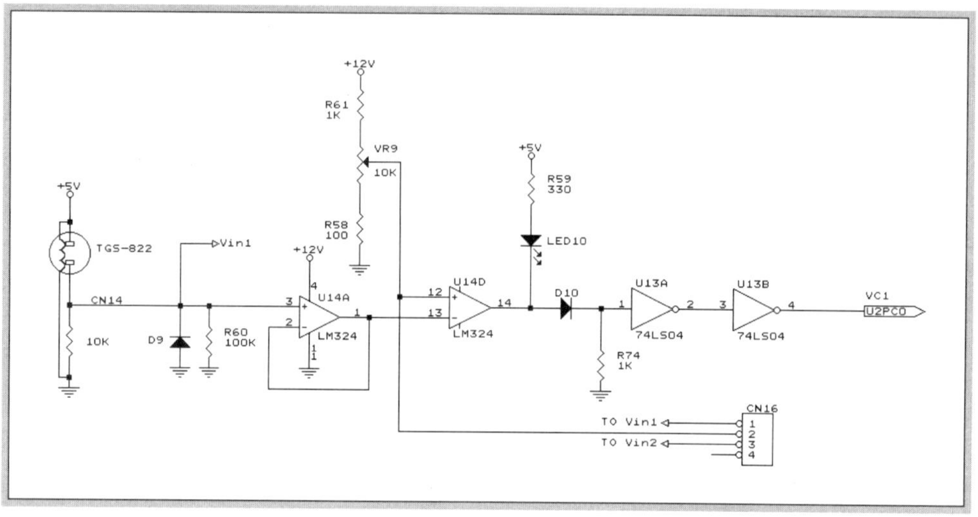


그림 5-5-3 알코올 측정기와 전압 비교도

## 3. 사용기재

- 전자 센서 랩
- SB－06(알코올 측정기)
- 연접선 1가닥
- 단심선(5cm) 1가닥
- 단심선(25cm) 1가닥
- 플라스틱 용기
- 플라스틱 도관 약10cm
- 알코올 소량

## 4. 실험 순서

① 전압측정회로의 CN8을 3(측정범위 0 － 5[V])으로 선정.

② 단선(25cm)으로 CN16의 Pin과 CN7의 TEST를 연결

③ SB－06을 연선으로 전압비교기의 입력 CN14와 연결
전압변화 상태 관찰
답 :

시간이 얼마나 지나야 전압이 안정되는가?

답 :

전압이 안정될 때의 전압치( $V_{tr}$)

④ 알코올소량(2−3방울)을 플라스틱용기에 떨어뜨리고 플라스틱관을 플라스틱용기의 출구와 연결

⑤ 플라스틱용기는 가볍게 눌러 용기 내의 알코올의 휘발된 기체가 도관을 거쳐 알코올 측정기로 들어가도록 한다.

[주의] 액체 알코올이 알코올센서에 묻지 않도록 할 것

전압의 상태를 관찰한다.

답 :

⑥ 전압비교기의 비교 참고 전압을 조정하고 단선으로 CN16의 한 끝을 결선하고 Pin 2로 가져가면서 VR9를 조정하여 전압이 Vtr보다 약간 높게 한다.

⑦ 5번 단계를 반복하면서 LED 10의 변화 상태를 관찰한다.

답 :

⑧ 단선(5cm)으로 CN34의 VC1과 CN29의 BZ을 연결하면서 알코올 농도가 변화할 때 BUZZER에 미치는 영향을 관찰한다.

답 :

⑨ 단선(5cm)으로 CN34의 VC1과 CN29의 RL1 or RL2를 연결하면서 알코올의 농도 변화가 계전기에 미치는 영향을 관찰한다.

답 :

## 5-6 가스 측정기 기초실험

### 1. 실험 목적

① 가스측정기의 원리와 특성을 이해한다.

② 가스 측정기로 가스농도측정을 한다.

## 2. 기본원리

가스를 측정하는 방식은 접촉 연소식과 반도체식, 열전도식의 세 가지가 있는데 일반적으로 흔히 볼 수 있고 가격도 저렴한 것은 반도체식이다. 반도체식은 산화물 반도체 표면이 가스를 흡수하면 그 전도율이 변하는 특성을 이용하여 제조된 것이다.

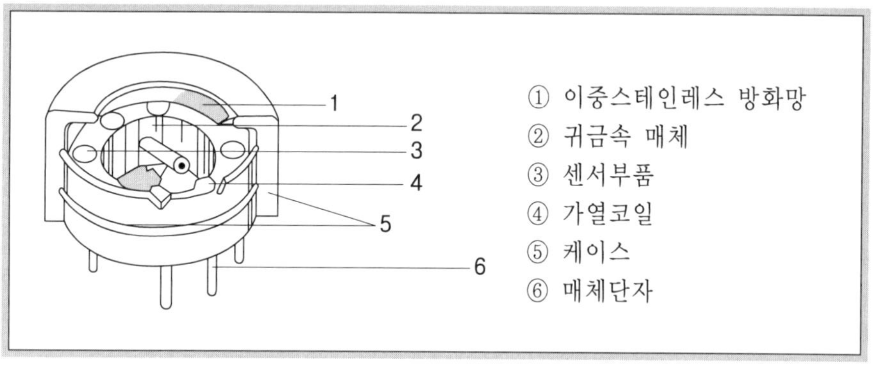


그림 5-6-1 가스 측정기 구조도

그림 5−6−1 가스 센서의 구조도와 같이 센서 부품, 가열 코일, 이중 스테인레스 방화망, 기좌신관 단자가 있다. 센서 부품은 표면에 이산화망간을 칠한 알루미늄관이며 알루미늄관은 도금한 틀을 전극으로 삼는다. 가열코일은 알루미늄관 내부에 있어 사용시 가열코일에 전기가 통하면 알루미늄관(센서 부품)이 골고루 가열된다. 공기중에 타기 쉬운 기체(가스 등)가 존재할 경우 알루미늄관 표면에 흡수되면서 알루미늄관 표면의 산화물과 작용을 일으켜 산소 분자를 방출하여 알루미늄관의 전도성을 제고하며 저항은 감소한다. 가스 농도가 짙을수록 전도성이 높고 저항은 낮다.

가스는 타기 쉬운(연성)기체이므로 공기간 가스농도가 너무 높을 때 내부의 가열 코일이 자칫 공기간의 가스를 점화시켜 폭발을 일으키는 일을 막기 위하여 가스 센서의 표면에는 이중 스테인레스 방화망을 가했다. 주로 내부의 가열 코일과 공기간의 가스를 격리하여 공기간의 가스를 내부의 가열 코일이 점화, 폭발을 일으키는 것을 막으려는 것이다.

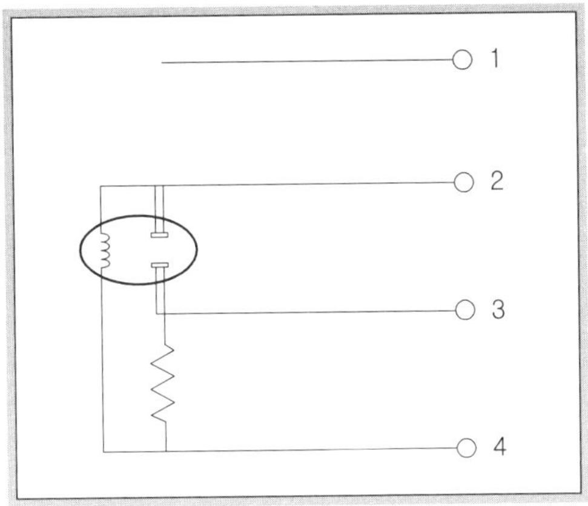


그림 5-6-2 SB-07 회로도

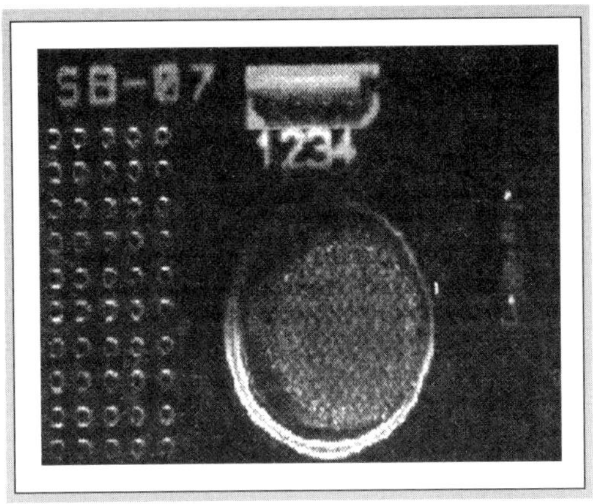


사진 5-6 SB-07

SB-07은 그림 5-6-2와 같이 가스 농도가 낮을 때 가스 측정기의 저항이 높고 전기 저항에 흐르는 전류량이 작다. 그래서 SB-07의 Pin 3의 출력 전압이 비교적 낮다.

반대로 가스 농도가 높을 때 가스 측정기의 저항은 하강하고 전기 저항에 흐르는 전류량은 증가하며 SB-07의 Pin 3의 출력 전압도 높아진다.

SB-07을 연선으로 전압비교기(12) 입력(CN14, CN15)에 그림 5-6-3과 같이 연결한다.

가스 농도가 증가하여 SB-07 Pin 3의 출력 전압이 전압비교기의 참고 전압보다 높을 때 전압비교기는 LO를 출력하면서 시동되며 반대로 가스 농도가 낮아서 SB-07 Pin 3의 출력 전압이 전압비교기의 참고 전압보다 낮을 때 전압비교기는 HI를 출력

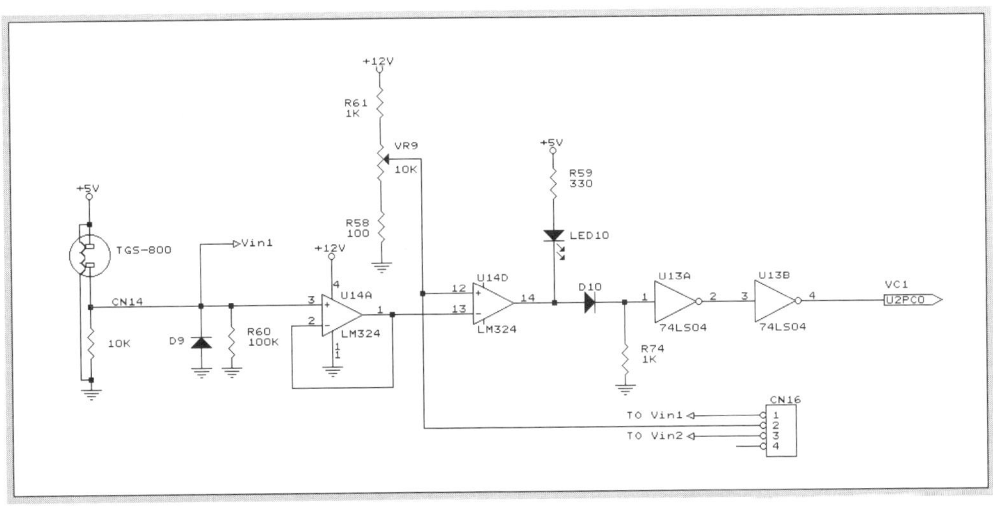


그림 5-6-3 가스 측정기 응용회로

## 3. 사용기재

- 전자센서랩
- SB-O7(가스측정기)
- 연선 1EA
- 단선(5cm) 1EA
- 단선(25cm) 1EA

## 4. 실험 순서

① 전압량 측정회로의 CN8을 3( 측정 범위 0-5V)으로 설정한다.

② 단선(25cm)로 CN16의 Pin 1과 CN7(TEST)를 연결한다.

③ SB-O7을 연선으로 전압비교기의 입력 CN14에 연결하고 전압의 변화 상태를 관찰
답:
전압이 얼마나 지난 후에야 안정되는가 ?
답:
전압이 안정될 때의 전압치(Vtr)
답:

④ 라이터 스위치를 가볍게 눌러(약 0.5초) 라이터 내부의 가스가 가스 측정기에 들어가도록 한다.
[주의] 라이터를 켜지 말 것!
전압의 변화 상태를 관찰한다.
답 :

⑤ 단선으로 CN16의 한 끝을 결선하고 Pin 2로 가져가면서 VR9를 조정, 전압이 Vtr보다 약간 높게 하고 전압비교기의 비교 참고 전압을 조정한다.

⑥ 4번 단계를 반복하면서 LED 10의 변화 상태를 관찰한다.
답 :

⑦ 단선(5cm)으로 CN34의 VC1과 CN29의 BZ을 연결하면서 가스 농도 변화시 BUZZER 에 미치는 영향을 관찰한다.

답 :

⑧ 단선(5cm)으로 CN34의 VC1과 CN29의 RL1 or RL2를 연결하면서 가스의 농도 변화가 계전기에 미치는 영향을 관찰한다.

답 :

## 5-7 온도스위치 기초실험

### 1. 실험 목적

① 온도스위치의 원리와 특성을 이해한다.
② 온도스위치로 온도 과열 실험을 한다.

### 2. 기본원리

온도스위치는 바이메탈 온도스위치라고도 한다.

온도스위치는 두 가지 종류의 팽창계수가 다른 금속을 용접해서 붙여두면 열을 받을 때 팽창계수가 큰 금속의 팽창속도가 팽창계수가 작은 금속보다 크다. 두 금속은 붙어있으므로 팽창계수가 작은 방향쪽으로 휘어지면서 스위치 동작을 하게 된다.

온도스위치의 동작원리는 그림 5-7-1과 같다.

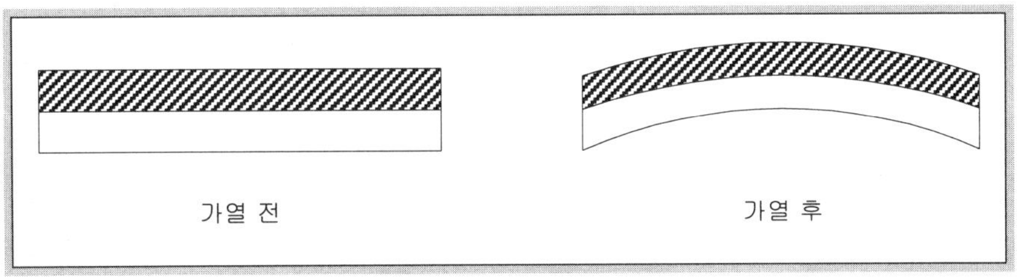


그림 5-7-1 온도스위치 동작 원리

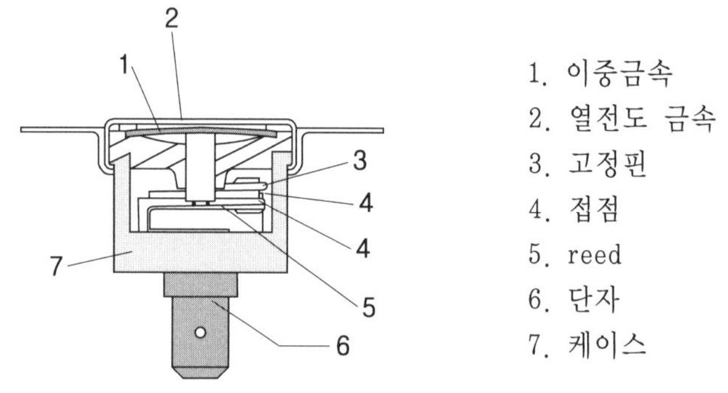


그림 5-7-2 온도 스위치 구조도

온도스위치의 동작방식은 A형과 B형으로 나눌 수 있다. A형은 가열되기 전에 ON이 되며 가열할 때 일정온도에 다르면 OFF가 된다. B형은 가열하기 전에 OFF이며 가열하며 일정 온도가 되면 ON이 된다.

SB－08은 그림 5－7－3과 같이 온도 스위치의 동작 방식은 A형이며 정해진 온도는 80도씨 온도가 80도씨보다 낮으면 온도 스위치는 ON이면 온도가 80도씨보다 높을 때 OFF 된다.

SB－08을 연선으로 슈미트회로(11)의 입력(CN17 · CN18 or CN19)에 그림 5－7 －4처럼 결선 하면 온도 스위치(A80)이 ON일 때 슈미트 회로는 ST1=Lo를 출력하며 LED 13은 켜진다. 온도 스위치가 OFF일 때 슈미트 회로는 ST1=Hi를 출력하며 LED 12는 켜진다.

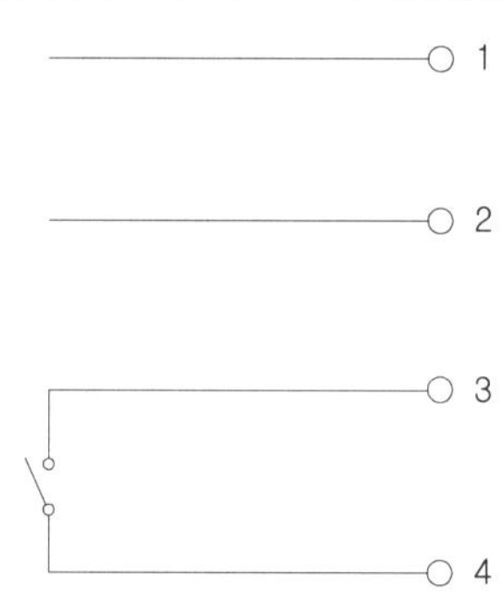


그림 5-7-3 SB-08 회로도

사진 5-7 SB-08

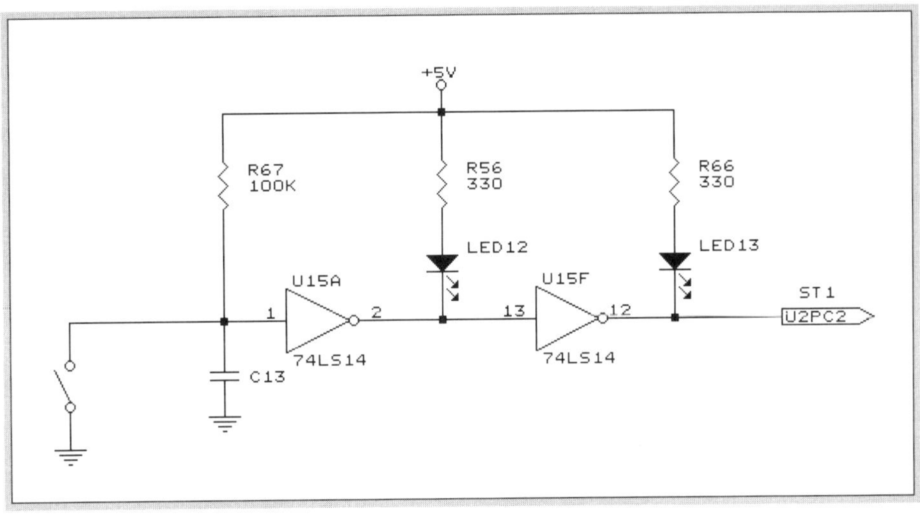


그림 5-7-4 온도스위치 응용회로

## 3. 사용기재

- 전자센서랩
- SB-O8(온도 스위치)
- 연선 1EA
- 단선(5cm) 1EA

## 4. 실험 순서

① SB-O8을 연선으로 슈미트회로(11)의 입력 CN17에 연결한다.

LED 12 ______________(켜짐 or 꺼짐) 관찰

LED 12가 켜지면 온도 스위치 SB-O8는 OFF임.

LED 13 ______________(켜짐 or 꺼짐)관찰

LED 13가 켜지면 온도 스위치 SB-O8는 ON임.

주) 온도스위치가 ON이 되면 LED는 OFF이다.

② SB-O8을 열원 위에 둔다.

열원이 없으면 전기 인두를 사용한다.

전기 인두 전열필라멘트 부분을 SB-O8에 접촉시킨다.

③ 열원을 시동하여 실온으로부터 상승하도록 한다. 표준 온도계로 동시에 온도의 상승 정도를 측정할 수 있으면 더욱 좋다.

④ LED 12 · LED 13의 변화 상황을 관찰한다.
답 :

⑤ 단선(5cm)으로 CN34의 ST1과 CN29의 RL1을 연결한다.

⑥ 2 · 3 · 4 단계를 반복하고 계전기가 온도 스위치의 ON/OFF일 때 어떤 변화가 일어나는지 관찰한다.
답 :

## 5-8 수은 스위치 기초실험

### 1. 실험 목적

① 수은 스위치의 원리와 특성을 이해한다.
② 수은 스위치로 물체 경사의 정도를 측정한다.

### 2. 기본 원리

수은 스위치는 보통 수평각도 제어장치에 사용되며 측정할 수 있는 각도는 고정적이다. 수은 스위치의 구조는 그림 5-8-1과 같다.

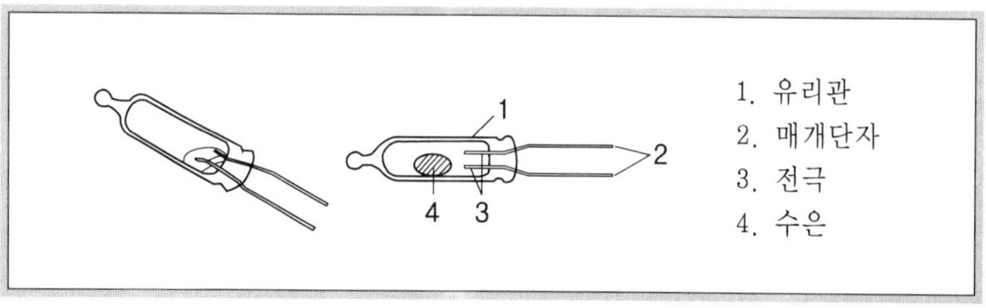


그림 5-8-1 수은스위치의 구조와 동작원리

유리관 안에 두세 개 전극과 수은 약간이 있으면 수은 스위치가 놓여 있는 각도가 변할 때 유리관 안에 수은이 중력의 영향을 받아 낮은 쪽으로 이동한다. 수은이 정지했을 때 마침 동시에 두 전극에 접촉하면 수은은 양도체이므로 두 전극이 통하게 된다. 반대로 수은이 정지했을 때 두 전극에 접촉하지 않을 경우 두 전극은 개회로 이다. 그 중의 두 전극이 모두 단자가 유리관 외부로 나와 있어 사용할 수 있다. 지금까지 수은 스위치는 대부분 유리관을 사용했는데 유리는 깨지기 쉬워 수은이 쉽게 흘러나올 수 있다. 수은의 독성이 인체를 해치거나 환경을 오염시킬 수 있다. 그래서 근년에 들어 수은 스위치는 대부분 금속관으로 바꿔 사용하게 되면서 유리가 깨지기 쉽다는 문제가 제기되지 않게 되었고 안정성도 많이 제고되었다. 금속식 관의 수은 스위치와 유리관 식의 수은 스위치는 원리나 구조가 대동소이하며 두세 개 전극과 수은으로 되어 있다. 어떤 금속의 수은스위치는 관의 케이스를 전극하나로 삼는다. 금속관을 사용할 때 이 특징에 유의해야 한다.

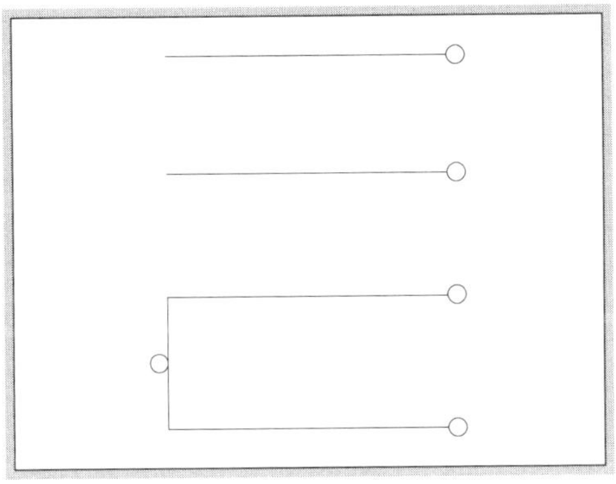

**그림 5-8-2** SB-10 선로도

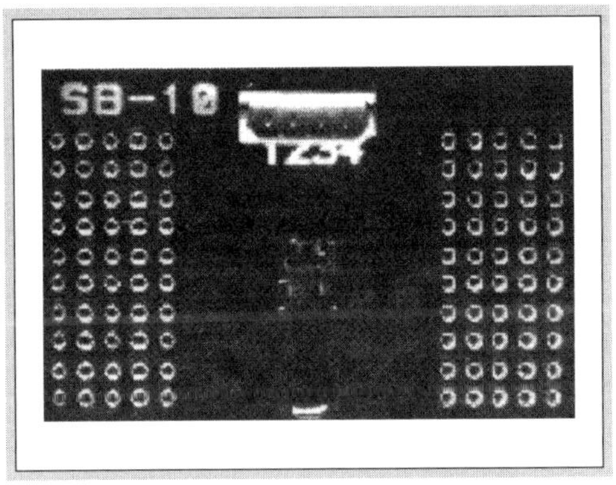


**사진 5-8** SB-10

SB-10은 그림 5-8-2처럼 수은 스위치가 기울어질 때 수은이 전극에 접촉하면 스위치는 ON을 출력하고 반대로 수은이 전극에 접촉하지 않으면 수은 스위치는 OFF를 출력한다. SB-10을 연선으로 슈미트회로(11)의 입력(CN17 · CN18 · CN19)에 그림 5-8-3처럼 결선하면 수은스위치가 ON일 때 슈미트회로는 ST1 = Lo 를 출력하고 LED13은 켜진다. 수은스위치가 OFF일 때 슈미트회로는 STx = Hi 를 출력하고 LED12가 켜진다.

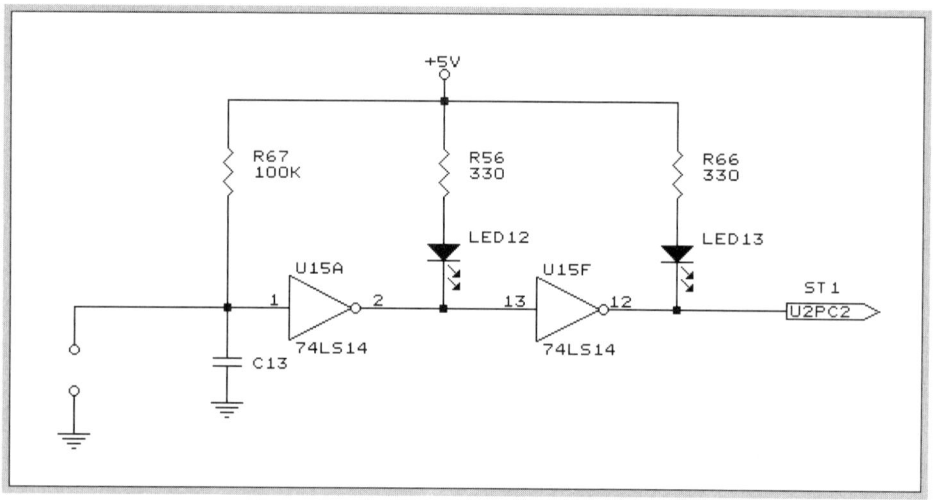


그림 5-8-3 수은 스위치 응용회로

## 3. 사용기재

- 전자센서랩
- SB−10(수은 스위치)
- 연선 1EA
- 단선(5cm) 1EA

## 4. 실험 순서

① SB−10을 연선으로 슈미트회로(11)의 입력 CN17에 연결한다.

② SB−10을 경사지게 두되, 수은이 접점과 접촉하지 않도록 한다.
LED 12 ____________(켜짐 or 꺼짐) 관찰,
LED 12가 켜지면 수은 스위치 SB−10는 OFF임.
LED 13 ____________(켜짐 or 꺼짐)관찰,
LED 13가 켜지면 수은 스위치 SB−10는 ON임.

③ SB−10을 반대 방향으로 경사지게 두어 수은이 접점과 접촉하도록 한다.
LED 12 ____________(켜짐 or 꺼짐)관찰,
LED 12가 켜지면 수은 스위치 SB−10는 OFF임.

LED 13 ____________(켜짐 or 꺼짐)관찰,
LED 13가 켜지면 수은 스위치 SB－10는 ON임.

④ 단선(5cm)으로 CN34의 ST1과 CN29의 RL1이나 BZ을 각각 연결하고 계전기나 BUZZER가 수은 스위치의 ON/OFF 될 때 어떤 변화가 일어나는지 관찰한다.
답 :

## 5-9 자기스위치기초실험

### 1. 실험 목적

① 자기스위치의 원리와 특성을 이해한다.
② 자기스위치로 자성 물체의 접근을 측정한다.

### 2. 기본원리

자기스위치의 구조는 그림 5－9－1과 같이 접점두개를 자성기체가 가득한(혹은 진공) 유리관만이 봉입한다. 이 접점 두 개는 자성재료로 가공하여 만든 reed 이며 적당한 간격으로 중첩시킨다. 어떤 자석이 접근하는데 자성흡인력이 reed의 기본 탄력보다 클 때 접점은 ON되고 자석이 이동해 가고 흡인력이 reed의 기계탄력보다 작으면 접점은 OFF.

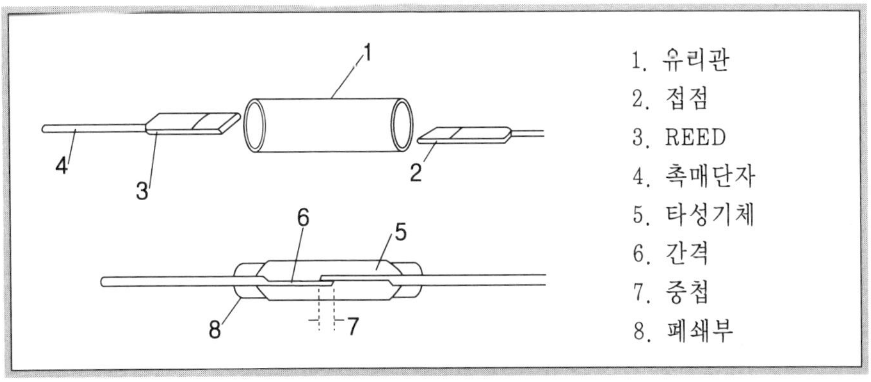


그림 5－9－1 자기스위치의 구조도

자기스위치의 동작원리는 자석의 NS극이 서로 흡인하는 원리를 이용한 것이다.
그림 5-9-2와 같이 자석의 주위자장에는 N극에서 S극으로 가는 자력선이 무수히 있다.

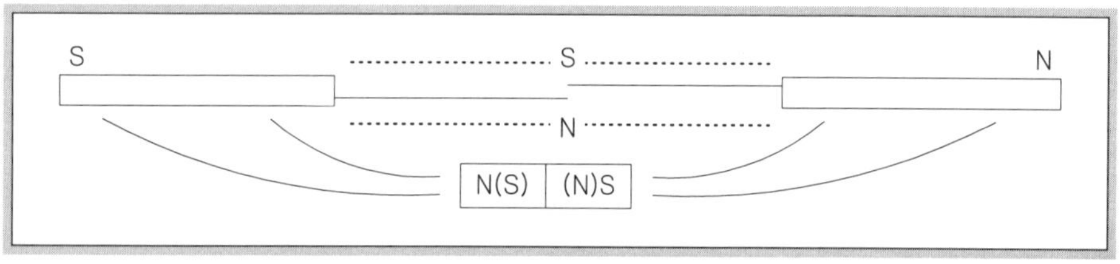


그림 5-9-2 자기스위치의 동작 원리

자기스위치가 자장에 접근할 때 자성재료로 가공하면 관을 reed가 자장방향을 따라 자화되고 reed 두 개에서 하나가 N극으로, 다른 하나는 S극으로 자화되어 서로 흡인하게 된다. 흡인력이 reed의 기계탄력보다 클 때 ON, 외부 자기장이 없어지면 reed는 자성을 지니지 않은 상태로 회복되며 흡인력도 reed의 기계탄력보다 작아서 OFF된다.

SB-11은 그림 5-9-3과 같이 자석이 자기스위치에 접근할 때 자기스위치는 ON을 출력, 반대로 자석이 스위치에서 멀리 떨어져 있으면 OFF로 출력한다.

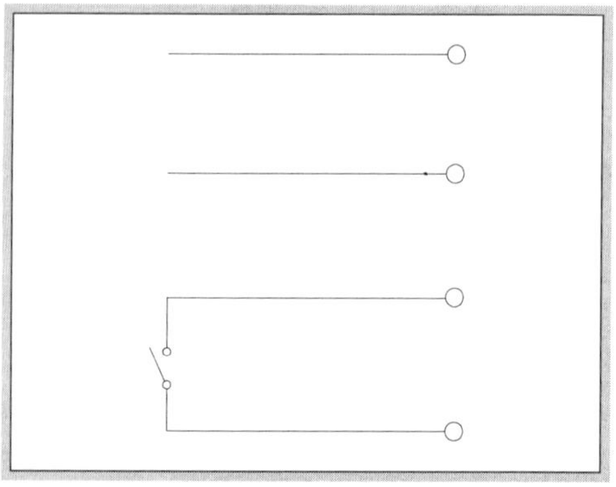

그림 5-9-3 SB-11 선로도

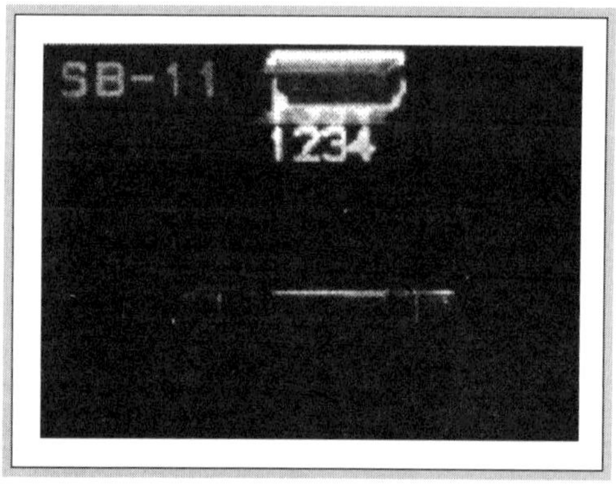


사진 5-9 SB-11

SB-11을 연선으로 슈미트회로(11)의 입력(CN17 · CN18 · CN19)에 그림 5-9-4처럼 결선하면 자기스위치가 ON일 때 슈미트회로는 ST1 = Lo 를 출력하고 LED13은 켜진다. 자기스위치가 OFF일 때 슈미트회로는 ST1 = Hi 를 출력하고 LED12가 켜진다.

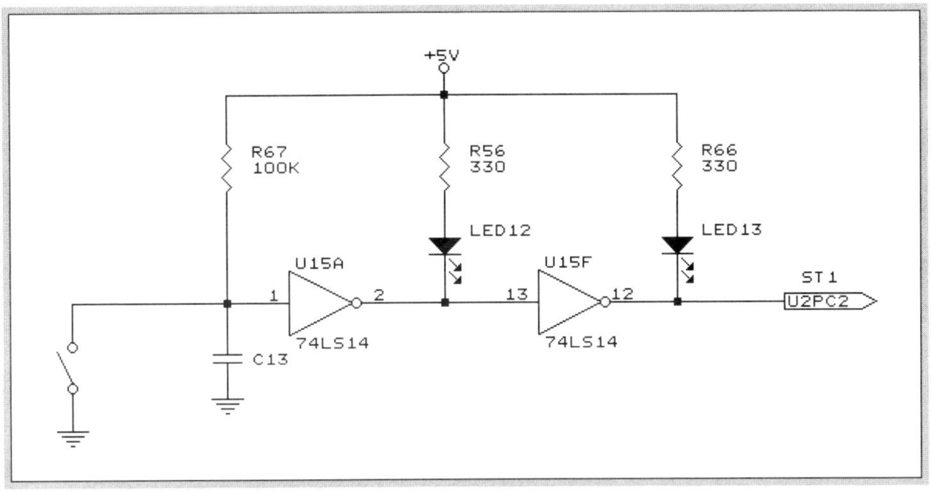


그림 5-9-4 자기 스위치 응용회로

## 3. 사용기재

- 전자센서랩
- SB-11(자기 스위치)
- 연선 1EA
- 단선(5cm) 1EA
- 자석 1EA

## 4. 실험 순서

① SB-11을 연선으로 슈미트회로(11)의 입력 CN17에 연결한다.

LED 12 ____________(켜짐 or 꺼짐) 관찰

LED 12가 켜지면 자기 스위치 SB-11는 OFF임.

LED 13 ____________(켜짐 or 꺼짐) 관찰

LED 13가 켜지면 자기 스위치 SB-11는 ON임.

② 자석을 SB-11의 자기 스위치에 접근시킨다.

LED 12 ____________(켜짐 or 꺼짐) 관찰

LED 12가 켜지면 자기 스위치 SB-11는 OFF임.

LED 13 ____________(켜짐 or 꺼짐) 관찰

LED 13가 켜지면 자기 스위치 SB－11는 ON임.

③ 단선(5cm)으로 CN34의 ST1과 CN29의 RL1이나 BZ을 각각 연결하고 계전기나 BUZZER가 자기 스위치가 ON/OFF 될 때 어떤 변화가 일어나는지 관찰한다.
답 :

## 5-10 AD590기초실험

### 1. 실험 목적

① AD590의 원리와 특성을 이해한다.
② AD590로 온도를 측정한다.

### 2. 기본원리

AD590은 트랜지스터의 이미터와 베이스간의 전압(Vbe) 의 전압－온도특성을 이용, 온도감지를 한다. 즉, 실리콘 트랜지스터의 Vbe 는 온도가 1℃상승할 때마다 Vbe sms 2.2mV 하강하는 전압－온도특성이 있다. AD590 내부의 등가회로는 그림 5－10－1과 같으며 사실상은 절대온도와 정비례를 이루는 전류원이다.

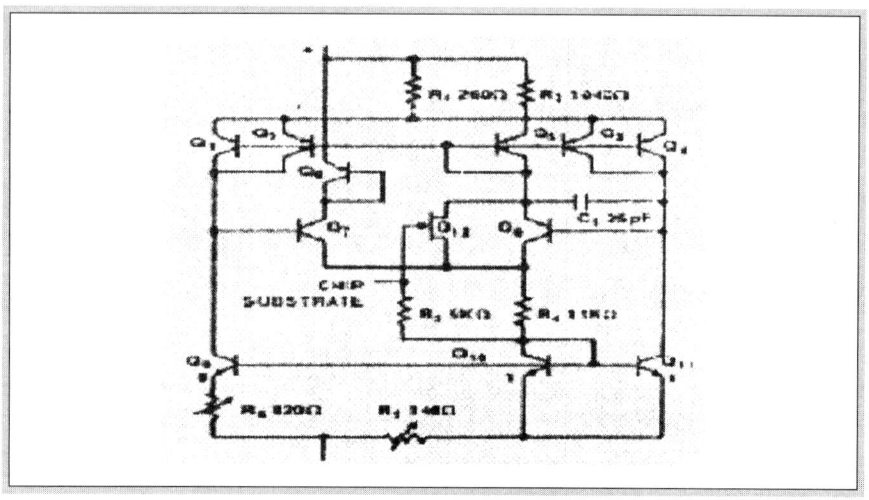


그림 5－10－1 AD590의 내부등가회로

작업전압은 4volt – 30volt 이고 측정할 수 있는 온도범위는 –55℃ ~ +150℃로 양호한 선형출력이 있고 출력전류와 온도는 정비례한다. 온도가 1.$^0K$ 올라갈 때마다 전류는 1[A]상승한다. 즉, 1[A/ .$^0K$]인 것이다. 0℃일 때 출력전류는 273.2[A]이고 100℃일 때 출력전류가 373.2[A]이다.

0℃ =273.2 .$^0K$, 100℃ = (100 + 273.2) =373.2 .$^0K$

SB–12는 그림 5–10–2처럼 온도가 상승할 때 AD590과 저항기에 흐르는 전류가 증가하므로 저항기 위의 전압 값이 상승, 반대로 온도가 하강할 때 저항기 위의 전압 값이 하강한다.

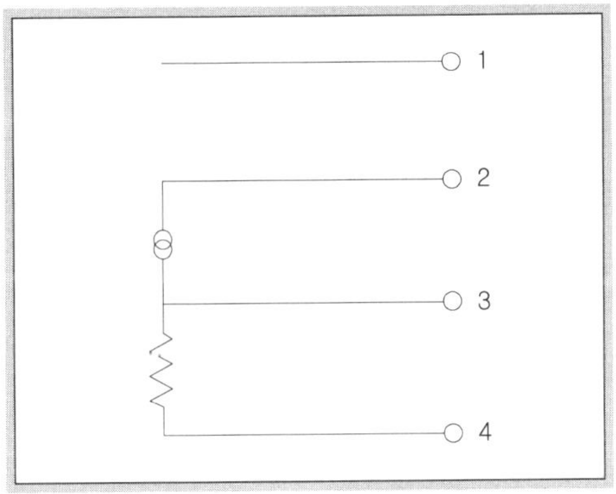


**그림 5–10–2** SB–12 선로도

**사진 5–10** SB–12

SB–12를 연선으로 전압비교기(12)의 입력(CN14, CN15)에 그림 5–10–3과 같이 연결하면 온도가 상승하여 SB–12 Pin 3의 출력 전압이 전압비교기의 참고 전압 보다 높을 때 전압비교기는 LO를 출력하면서 시동되며 반대로 온도가 하강하여 SB–12 Pin 3의 출력 전압이 전압비교기의 참고 전압보다 낮을 때 전압비교기는 HI를 출력한다.

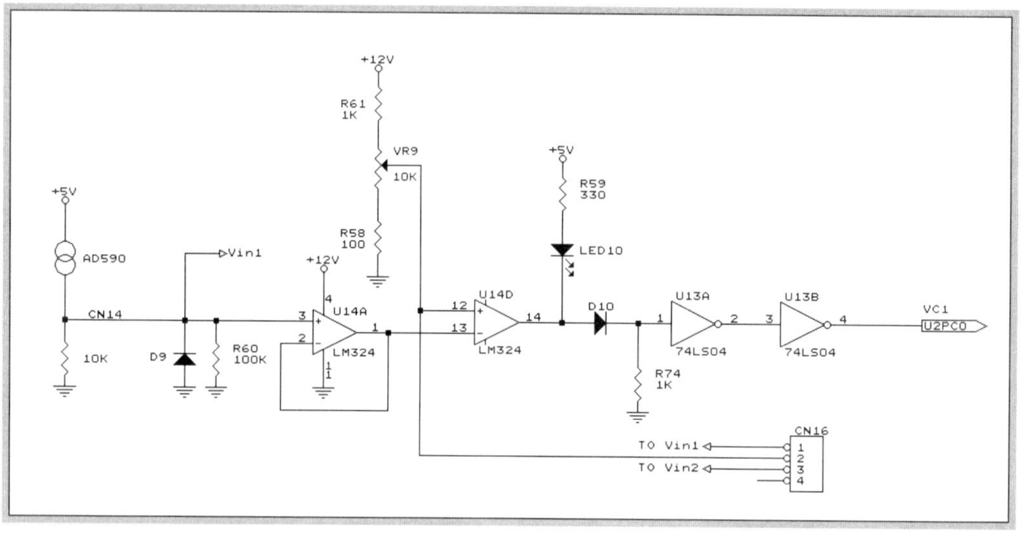


그림 5-10-3 AD590응용회로

## 3. 사용기재

- 전자 센서 랩
- SB-12(AD590)
- 연선 1EA
- 단선(5cm) 1EA
- 단선(25cm) 1EA

## 4. 실험 순서

① SB-12을 연선으로 전압비교기(12)의 입력 CN14에 연결

② 전압 측정회로의 CN8을 3( 측정 범위 0-5V )으로 선정

③ 단선(25cm)로 CN16의 Pin 1과 CN7(TEST)를 연결

④ 드라이기나 전기 인두의 전열필라멘트부분으로 AD590의 온도를 변경시키면서 전압 변화 상태를 관찰
고온일 때, 전압 ____________
저온일 때, 전압 ____________

측정하려는 온도일 때의 전압 $V_{tr}$ 기록

⑤ 전압비교기의 비교 기준 전압을 조정 단선을 CN16의 끝에 연결하고 Pin 1에 옮겨 VR 9를 조정하여 전압이 $V_{tr}$보다 약간 높다.

⑥ 다시 드라이어나 전기인두의 전열필라멘트 부분으로 AD590의 온도를 바꾸면서 LED 10을 관찰
온도가 높을 때 LED 10 ____________(켜짐 or 꺼짐)
온도가 낮을 때 LED 10 ____________(켜짐 or 꺼짐)

⑦ 단선(5cm)으로 CN34의 VC 1과 CN29의 BZ를 연결하면서 온도변화시 buzzer에 대한 영향관찰.
답 :

⑧ 단선(5cm)로 CN34의 VC 1과 CN29의 RL 1 or RL 2를 연결하면서 온도 강약 변화시 계전기에 대한 영향을 관찰.
답 :

## 5-11 초음파 발신, 수신 기초실험

### 1. 실험 목적

① 초음파 발신, 수신의 원리와 특성을 이해한다.
② 초음파로 이동 물체를 측정한다.

### 2. 기본원리

일반인의 귀가들을 수 있는 소리의 범위는 20 Hz~20 Khz로 20 Khz를 초과하면 사람이 듣지 못하는데 이를 초음파라고 한다. 일반적으로 흔한 초음파 부품의 공진 주파수는 40 Khz 이고, 어떤 것은 25 Khz이다.

초음파센서의 자동원리를 이해하려면 먼저 압전효과의 개념을 알아야 한다. 압전 효과와 전압효과를 구분해 서술하자면 아래와 같다.

### 전압효과

그림 5－11－la와 같이 전기신호를 초음파발신기와 칼은 압전 진동 부품에 가한다. 이 압전 진동 부품은 전기신호를 압력으로 전환하여 공기를 수축할 수 있다.

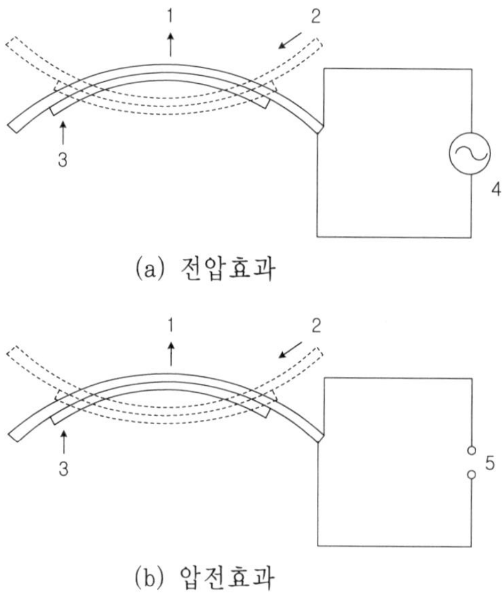


1. 음파(초음파)
2. 금속 진동판
3. 압전 진동 부품
4. 전기 신호 입력
5. 전기 신호 출력

**그림 5－11－1　전압효과 압전효과의 원리**

### 압전효과

그림 5－11－lb와 같이 압축된 공기가 초음파 수신기 같은 압전 진동 속으로 전파되어 가면 압전 진동 부속 양단은 압축된 공기에 따라 변하는 전기 신호가 생성된다.

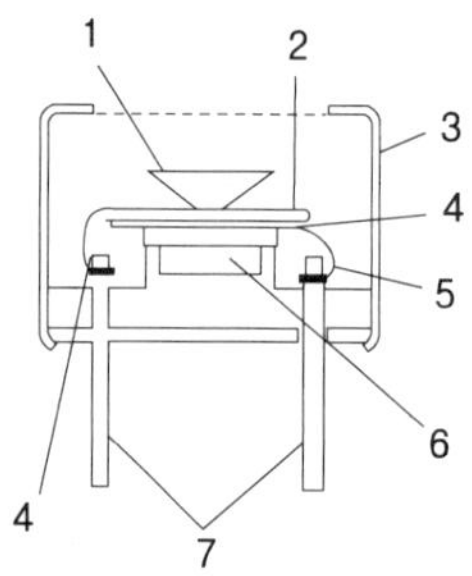


1. 삼각 공진기
2. 금속 진동판
3. 케이스
4. 압전 진동부품
5. 매개체
6. 플라스틱 재료
7. 촉매 단자

**그림 5－11－2　초음파 센서 구조도**

초음파센서의 구조는 그림 5-11-2와 같이 삼각(원추형)공진기, 금속진동판, 케이스, 압전 진동부속, 촉매, 플라스틱재료, 촉매 단자들로 되어 있다.

초음파센서는 발신기와 수신기로 나누어진다. 초음파 발신기는 전압 효과를 이용, 전기신호를 압력신호로 전환해서 주변공기는 압축하고 초음파수신기는 압전 효과를 이용, 압축된 공기 변화량을 전기신호로 바꾼다.

도플러효과에 의한 "초음파장내에서 어떤 물체가 이동하면, 그 물체에 부딛혔다 반사해 돌아오는 초음파가 주파수 편이를 발생시킬 수 있으므로" 진동전압은 초음파 발신기에 입력하여 그것이 연속으로 초음파를 발신하게 하고 다시 초음파 수신기로 공기중의 초음파를 접수 증폭과 검파를 가하여 주파수 편이가 발생했는지의 여부만 판별해 내기만 하면 초음파장내 물체의 이동이 있는지의 여부를 알 수 있다. 초음파센서를 연선으로 [13]의 CN20과 그림 5-11-3과 같이 연결한다.

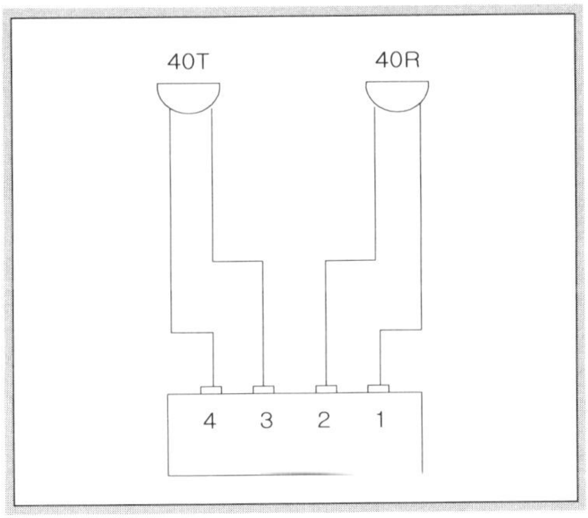

**그림 5-11-3 SB-13 회로도**

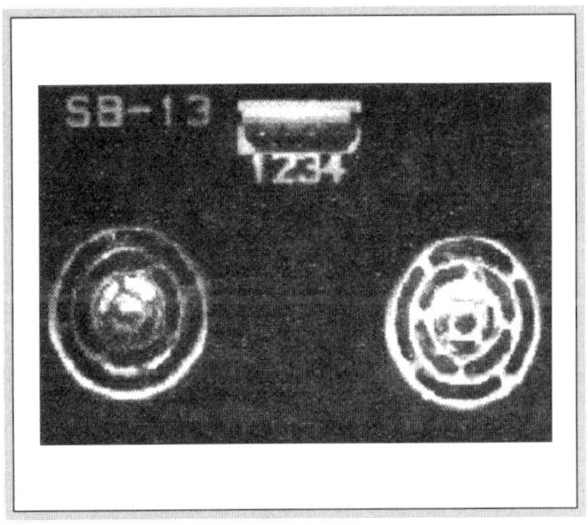

**사진 5-11 SB-13**

NAND 4개를 RC 진동 회로로 조성, 초음파 발신기가 필요한 40Khz 진동전압을 제공한다.

연산 AMPLIFIER U16B와 R78, R79, C17은 중심 주파수가 40Hz인 여과기가 되고 다이오드 D13, D14와 R81은 검파기가 되어 40 Khz 진동 주파수를 제외한 편이신호만 통과하게 한다. 연산 증폭기 U16C는 증폭간, U16D는 전압 비교값, VRIO을 조정하면 측정 감도를 바꿀 수 있다.

## 3. 사용기재

전자센서 랩
SB－13(초음파 발신기)
연선
단선(25cm)　　　　1가닥
오실로 스코프

## 4. 실험 순서

① SB－13을 연선으로 초음파 측정회로(13)의 CN2O연결.
[주] 실험과정에서 SB－13의 초음파 발신, 수신기를 케이스에 붙이지 말 것. 그러면 CN7이 타 버림.
② SB－13을 장애물 없는 방향으로 고정한다.
③ VRIO을 조정하여 감도가 가장 좋게 한다(즉, LED18이 ON의 위치에 가장 접근).
④ 손이나 물체로 SB－13을 멀리서부터 접근하면서 가린다.
SB－13을 멀리서부터 접근하면서 가릴 때 LED18에 대한 변화 관찰.
⑤ 단선(25cm)으로 CN33의 SQR과 CN29의 BZ를 연결하면서 SB－13 차단이 BUZZER에 대한 영향을 관찰한다.
답 :
[주의] 아래와 같은 상황이 수신기에 영향을 주어 동작착오를 일으킬 수 있다.
(1) 부근에 기타 초음파원이 있을 때
(2) 물체(사람이나 가축) 이동이 있을 때

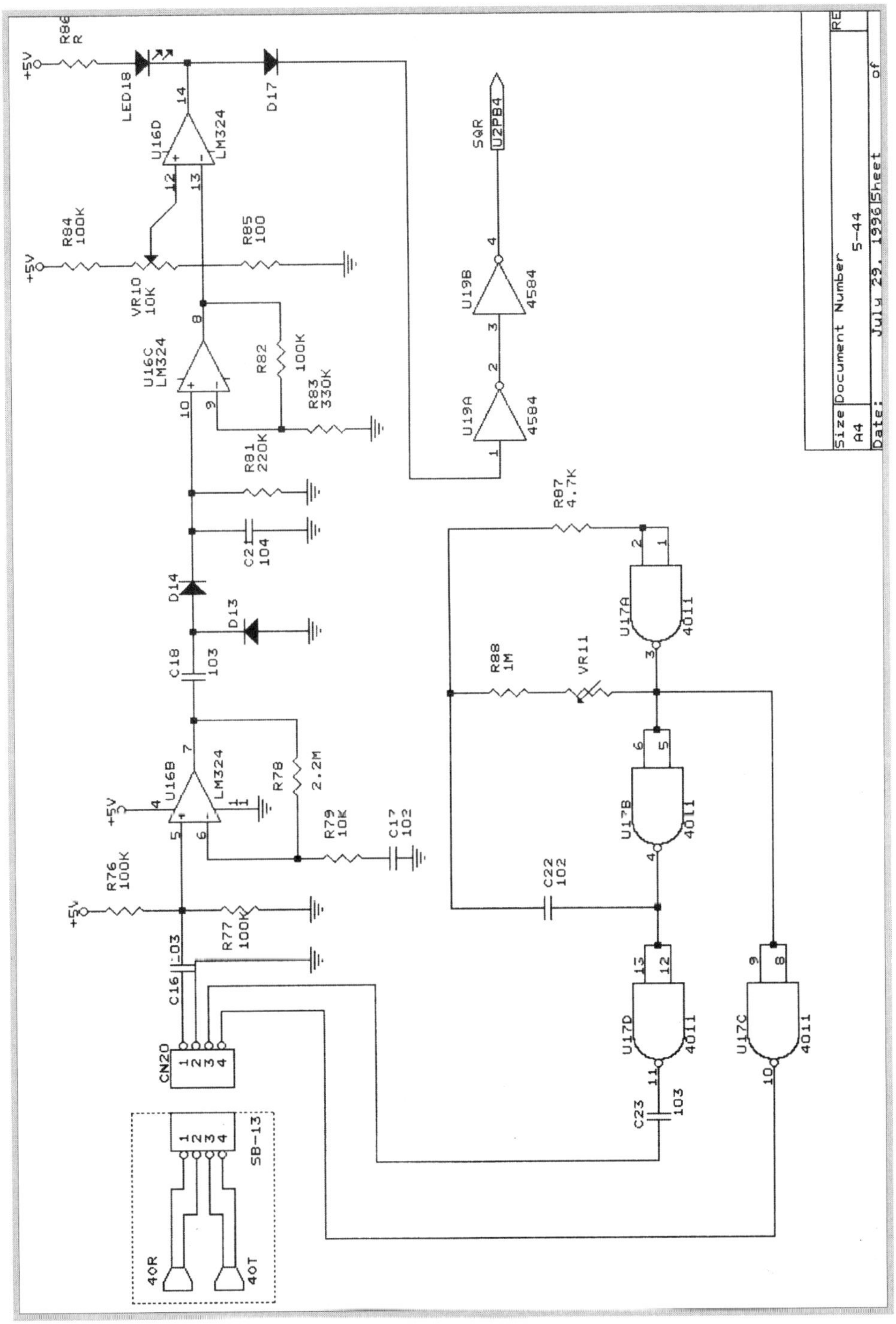


그림 5-11-4 초음파 응용 회로

## 5-12 극한 스위치 기초실험

### 1. 실험 목적

① 극한 스위치의 원리와 특성을 이해한다.
② 극한 스위치로 충격 출정을 한다.

### 2. 기본 원리

극한 스위치는 미동 스위치라고도 하며 정밀하고도 충실한 동작을 반복할 수 있고 아주 작은 힘으로도 작동할 수 있는 스위치이다.

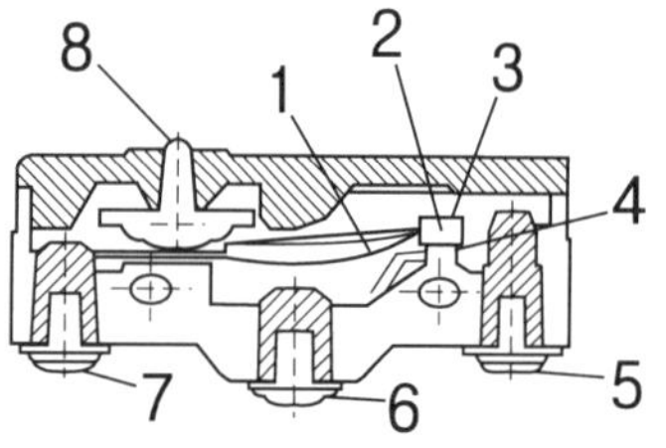


1. 가동 스프링
2. 가동 접점
3. B 고정접점
4. A 고정접점
5. B 고정접점 단자
6. A 고정접점 단자
7. 가동접점 단자
8. 외력을 들어오도록 인도하는 버튼

그림 5-12-1 극한 스위치 구조도

극한 스위치의 구조는 그림 5-12-1과 같으며 가동 스프링, 가동접점, B 고정접점, A 고정 접점, 신관 단자와 외력을 인도해 들이기 위한 지레대가 있다. 그중 지레 부분은 모든 극한 스위치에 있는 것이 아니다. 지레의 외관과 길이도 많은 양식이 있는데 주로 서로 다른 사용 장소에 적용하기 위해서이다.

극한 스위치의 가장 중요한 부분은 스프링으로 가동 스프링은 극한 스위치의 가동 접점이 빨리 한 접점에서 다른 접점으로 전이해 갈 수 있도록 하는데 있다. 가동 접점이 전이하는 속도와 외력이 가하는 속도와는 무관하다. 가해지는 외력이 없을 때 가동 접점과 B 고정접점이 접촉하고, 외력이 가해질 때 가동 접점과 A 고정 접점이 접촉한다.

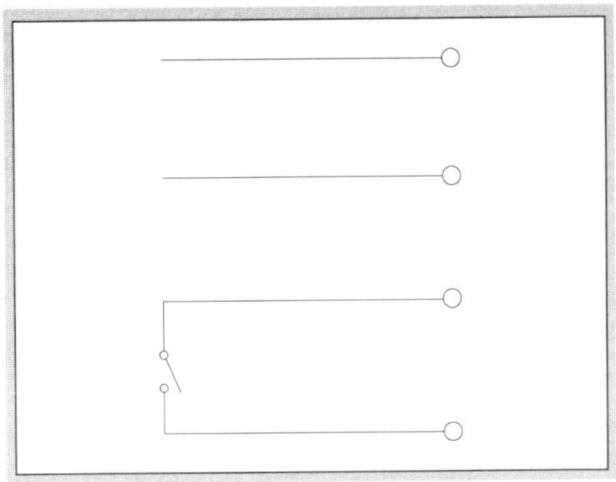

그림 5-12-2 SB-09 회로도

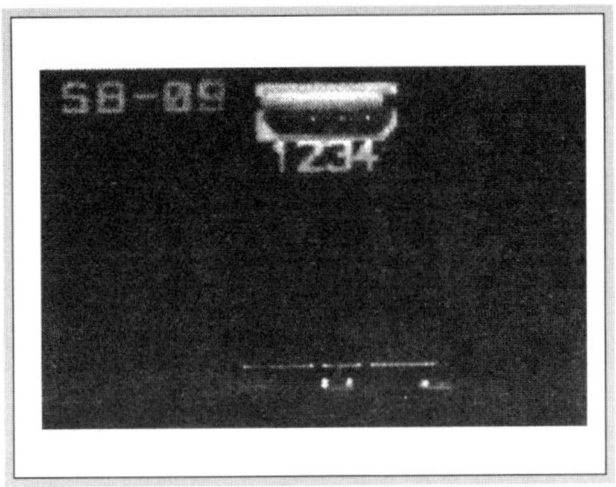


사진 5-12 SB-09

SB-09는 그림 5-12-2와 같이 손으로 극한 스위치를 가볍게 누르면 on을 출력하고 반대의 경우 극한 스위치는 off를 출력한다.

SB-09를 연선으로 슈미트회로(11)의 입력(CNl7, CNl8이나 CNl9)에 그림 5-12-3과 같이 연결한다. 손으로 극한 스위치를 가볍게 누르면 슈미트 전로는 ST1=Lo를 출력하고 반대로 극한 스위치에 아무 외력의 압력도 없을 때 슈미트 전로는 ST1=Hi를 출력한다.

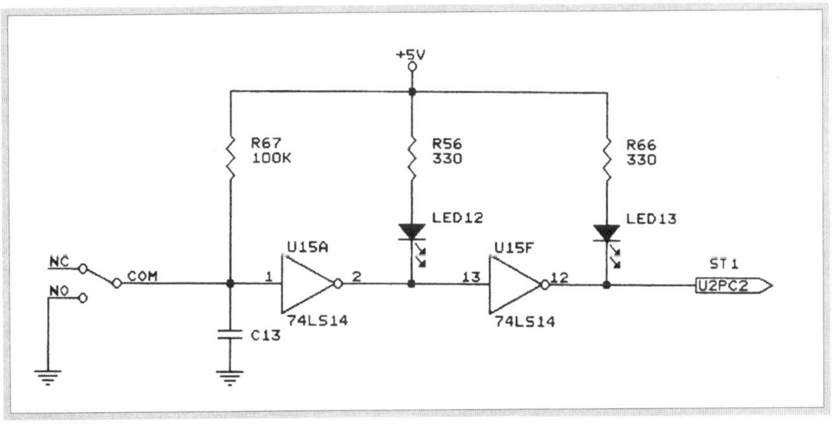


그림 5-12-3 극한 스위치 응용회로

## 3. 사용기재

- 전자 센서 랩
- SB-09(마이크로 스위치)

- 연선　1 가닥
- 단선(25cm)　1 가닥

## 4. 실험 순서

① SB－09를 연선으로 슈미트회로(11)의 입력 CN17에 연결한다.
LED12 ___________(켜짐 , 꺼짐)관찰.
LED 12가 켜지면 마이크로 스위치 SB－09는 OFF임.
LED 13 ___________(켜짐 , 꺼짐)관찰.
LED 13이 켜지면 마이크로 스위치 SB－09 는 ON임.

② 손가락으로 SB－09위의 마이크로 스위치를 가볍게 누른다.
LED 12 ___________(켜짐 , 꺼짐)관찰.
LED 12가 켜지면 마이크로 스위치 SB－09 는 OFF임.
LED 13 ___________(켜짐 , 꺼짐)관찰.
LED 13이 켜지면 마이크로 스위치 SB－09 는 ON임.

③ 단선(25cm)으로 CN34의 571과 CN29의 RLI이나 BZ을 각각 연결하고 Relay나 BUZZER가 마이크로 스위치의 ON/OFF에 어떤 변화가 일어나는지 관찰한다.
답 :

# 5-13 압력 센서 기초실험

## 1. 실험 목적

① 압력 센서의 원리와 특성을 이해한다
② 압력 센서로 기체압혁을 측정한다.

## 2. 기본원리

압력 센서는 어떤 동합금 반도체와 같은 특수 재료의 압전저항 효과를 응용, 이용하여 제조된 것이다.

예를 들면 실리콘의 결정은 다이아몬드 정방구조로 외부에서 압력이 가해지면 결정 격자의 간격이 변하면서 재자의 이동 속도도 변화하고 저항도 변하게 된다. 이러한 현상을 압전저항 효과라고 한다.

압력의 정의는 단위 면적이 받는 힘이다. 압력의 단위도 종류가 많지만 그 중에서 PSI (Pound presquare Inch)는 영국 단위로 Ib/in으로 표시한다.

압력센서는 제작 재료에 따라 금속 압력 센서와 반도체 압력 센서로 나눌 수 있다. 근래에 들어 반도체 기술의 발전으로 반도체 압력 선서의 가격이 저렴해져서 반도체 압력 센서가 이미 압력 센서의 주류를 이루게 되었다.

반도체 압력 선서의 등가 전로도는 그림 5－13－2와 같으며 반도체 압력 센서는 반도체 기술로 제조된 부모식(응력)변형－strain 브리지이며 그중 bridge의 두 R(1+△)이 압력을 받을 때는 저항치가 상승하고, 다른 두 R(1－△)이 압력을 받을 때는 저항치가 하강한다.

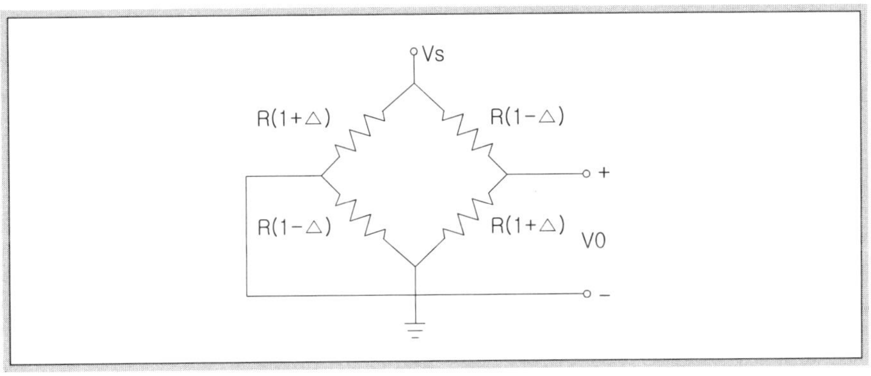


그림 5-13-2 입헉 신서 등가 전로

Vo와 Vb간의 관계는 Vo=△ vb이며 그 증 △와 받는 압혁은 비래 관계이다.

SB－15는 그림 5－13－3처럼 SB－13 압력 선서를 연선으로 기압량 측정전로(7)의 CNl3에 연결하면. 그림 5－13－3과 같다.

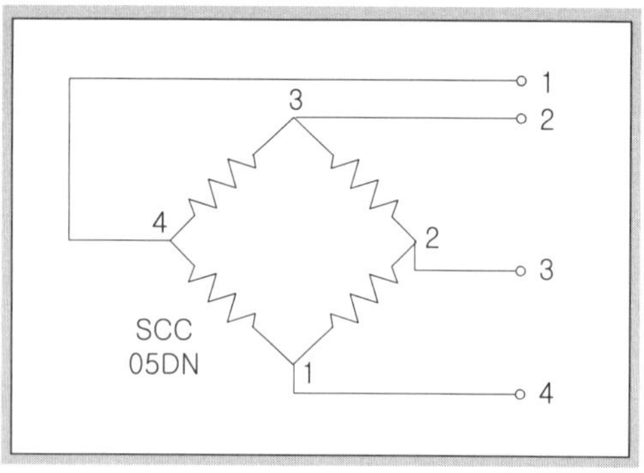


그림 5-13-3 SB-15 선로도

사진 5-13 SB-15

연산 AMPLIFIER UIOA · UIOB와 UIOC가 측정 AMPLIFIER로 되며 이 측정 AMPLI-FIER의 증액은 VR7로 변화시킨다. 연산 AMPLIfI- ER U10D는 정전류원 회로로서 고정되고 안정된 출력 전류를 제공하는데 출력전류는 I=Vzd 1/R49이다. 측정되는 압력은 압력센서의 Pl로 들어온다. 압력 센서에 들어오는 압력을 변화시킬 때 기압량 측정 전로의 출력전압도 그와 함께 변하며 출력 전압은 입력하는 기압과 정비례한다. 기압량 측정 전로의 출력 전압은 CN36(9)의 PRESS에 연결한다.

CN36을 선택하면 PRESS는 기압략 측정전로의 출력을 CN29의 AH에 연결할 수 있다. 기압량 측정 회로의 조정 순서는 다음과 같다.

① 압력(기압)입력이 없을 때, VR6을 조정하면, 연산 AMPLIFIER UIOB의 출력 전압이 1V가 된다.
② 모든 압력을 가하고 VR7을 조정하면 연산 AMPLIFIER UIOB의 출력전압은 6V가 된다. 본 전자 센서랩의 압혁 센서 SCCO5DN의 모든 압력은 5 PSI이다.
③ ①, ② 동작에 오차가 없어질 때까지 반복한다.

모든 조정을 완성하면 연산 AMPLIFIER UIOB의 출력 전압과 압력의 전환 공식은 아래와 같다.

압력 = (Vout-1V)/5 PSI(Vout:연산 AMPLIFIER UIOB의 출력전압)

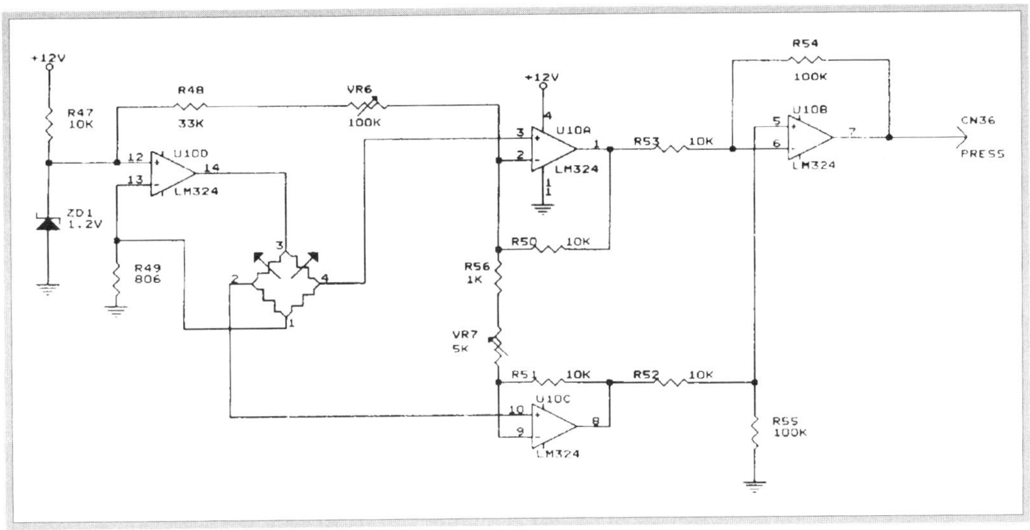


그림 5-13-4 압력 센서 응용전로

## 3. 사용기재

- 전자 센서랩
- SB-15(압력센서 )
- 연선 1가닥
- 난선(25cm) 1가닥
- 플라스틱 용기
- 플라스틱 도관

## 4. 실험 순서

① SB-15(압력센서)를 연선으로 기압 측정회로의 CN13에 결선 한다.

② (9)의 CN36을 PRESS로 설정한다.

③ 단선(10Cm)으로 CN29(9)의 ADC와 전압 측정 회로의 CN7(Test)을 연결하고 CN8을 3(측정범위 0~5V)으로 설정한다.

④ VR6, VR7을 조정하여 기압 측정 회로의 출력 전압이 1V가 되게 한다.

⑤ 플라스틱 도관을 플라스틱 용기의 출구에 잇고 플라스틱 도관의 다른 한끝을 압력센서의 P1에 연결한다.

⑥ 플라스틱 용기를 가볍게 눌러 압력센서의 Pl에 압력(기압)을 가한다. 전압의 변화 상태를 관찰한다.
답 :

## 5-14 전류센서의 기초실험

### 1. 실험 목적

전류센서의 원리와 특성을 이해한다.

### 2. 기본원리

전류센서를 전류전환기라고 하며 이것은 중요한 부품이고, 일부 증폭회로로 구성된다. 주로 비접촉식의 전류측정에 이용된다. 사용할 때 대측(측정할) 회로가 전류 센서의 측정공을 꿰뚫도록 하기만 하면 회로상의 전류를 측정해 낼 수 있으므로 회로와 직접적 접촉이 필요 없다. 전류센서를 이용하면 효과적으로 대측회로와 절연 할 수 있다는 이 특징은 고전압, 고전류의 측정에 적합하다.

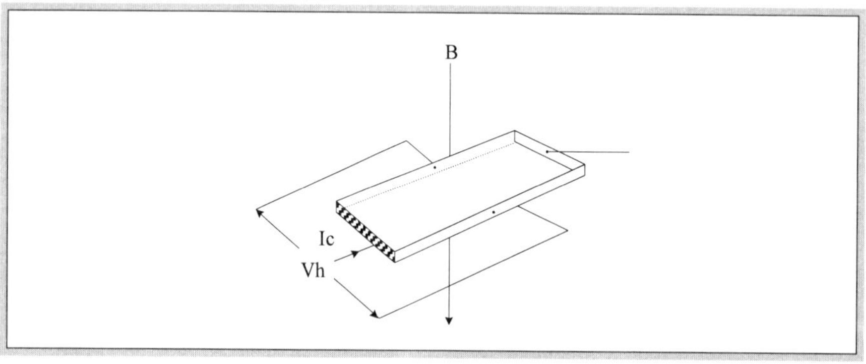


그림 5-14-1 홀 효과

그림 5−14−1 처럼 반도체를 흐르는 전류 IC는 외계에서 반도체와 수직인 자기장 B에 강도를 가해 전자의 유동을 바꿀 수 있다. 이를 홀 효과라고 한다. 전류 IC와 자기장 B에 대해서 직각의 방향으로 생성하는 전압차 Vh를 홀전압이라 한다.

전류센서의 작동원리는 그림 5-14-2와 같으며 도선 A가 전류를 통과할 때 오른손법칙에 의하면 도선 A주위에 자기장이 발생하며 이 자기장의 자속 밀도와 도선A를 흐르는 전류는 정비례한다. 이 부품을 거처 자속 밀도와 전류를 측정할 수 있고 다시 증폭기로 도선을 흐르는 전류와 정비례를 이루는 전압 Vh로 바뀔 수 있다. 이 전압치를 계산하면 도선을 흐르는 전류치를 알 수 있다.

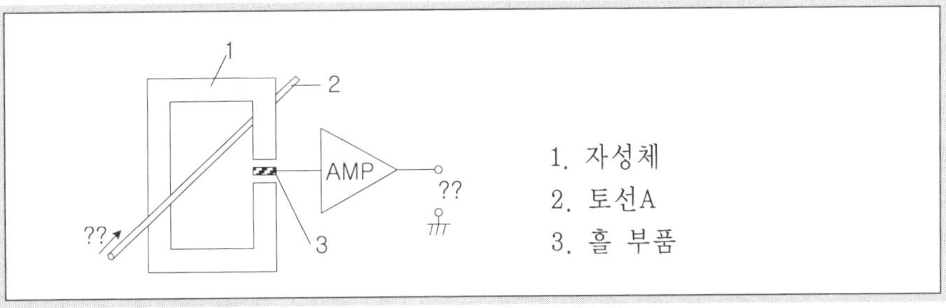


그림 5-14-2 전류센서 동작원리

전류센서를 연선으로 전압 amplifier의 입력(CNll)에 그림 5-14-4 처럼 연결하면 전류센서의 도선에 전류가 흐를 때 전압 증폭기의 출력전압과 대측전류는 정비례한다.

본 전자 센서랩의 전류센서 LB-lOGA의 측정가동 전류범위를 0~100 [A]출력전압을 0-4[V] (100[A]/4[V]) = 25[A./V] 즉, 전류센서가 1 [V]전압을 출력하는 것을 측정공 내의 도선에 25[A]의 전류가 흐름을 대표한다. 전류센서의 출력전압이 환산되면 측정 공내의 도선상의 전류수치는 즉시 알 수 있다. 전압 AMP는 대측 전류가 너무 작을 때 전류센서외 출력전압을 증폭시키므로 전류수치를 환산할 때 전압증폭기의 증폭 비율을 고려해야 한다.

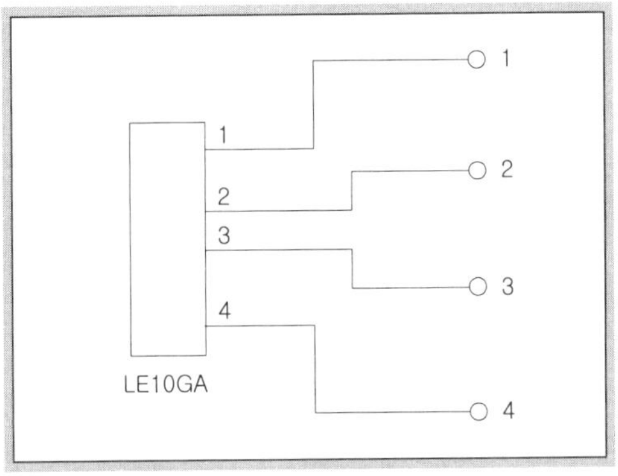


그림 5-14-3 SB-16 회로도

사진 5-14 SB-16

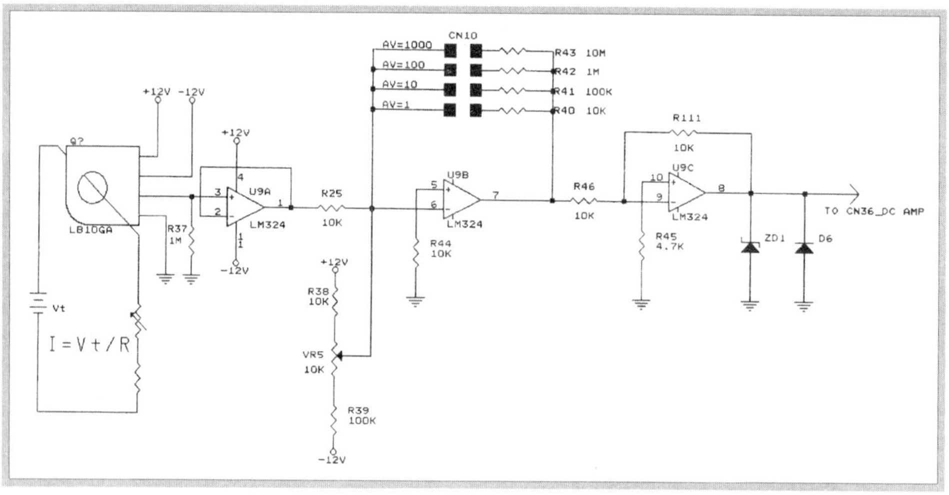


그림 5-14-4 전류센서 응용전로

## 3. 사용 기재

- 전자 센서 랩
- SB－16(전류센서 )
- 연선 1가닥
- 단선(25cm) 1가닥

## 4. 실험 순서

① SB－16을 연선으로 전압AMP(5)의 입력 CN11에 연결한다.

② CN10을 AV=2로 설정하여 전압AMP의 증폭 배율=10이 되게 한다.

③ VR5를 조정하여 전압AMP출력 전압=0V가 되게 한다.

④ 부하를 측정하려는 전선을 전류센서의 측정공에 끼운다(미세 전류 측정시 여러 번 감아 측정한다.).

⑤ CN36을 DC AMP로 설정한다.

⑥ 단선(25cm)으로 CN29의 ADC와 CN7(TEST)을 연결하면서 CN8을 2(측정 범위 0－1V)로 설정한다.

⑦ 하중을 시동하면서 전압 변화 상태를 관찰한다. 답 :

# 5-15 광 차단기 기초실험

## 1. 실험 목적

① 광 차단기의 원리와 특성을 이해한다.
② 광 차단기로 광 차단 실험을 한다.

## 2. 기본원리

광 차단기를 광 인터럽트(Interrupt)라고도 하며 그림 5－14－1처럼 발광다이오드와 광 트랜지스터로 구성되면서 양자간에 간격이 있는 광전스위치의 일종이다. 사용할 때 발광다이오드에 정방향 전압을 가해서 간격에 광 차단물이 없으면 발광다이오드가 발사하는 광속이 광 트랜지스터에 비출 수 있어 광 트랜지스터는 OFF된다. 주위 환경의 불필요한 빛의 교란을 막기 위해 일반 광 차단기는 적외선 발광 다이오드와 광 트랜지스터로 만든다.

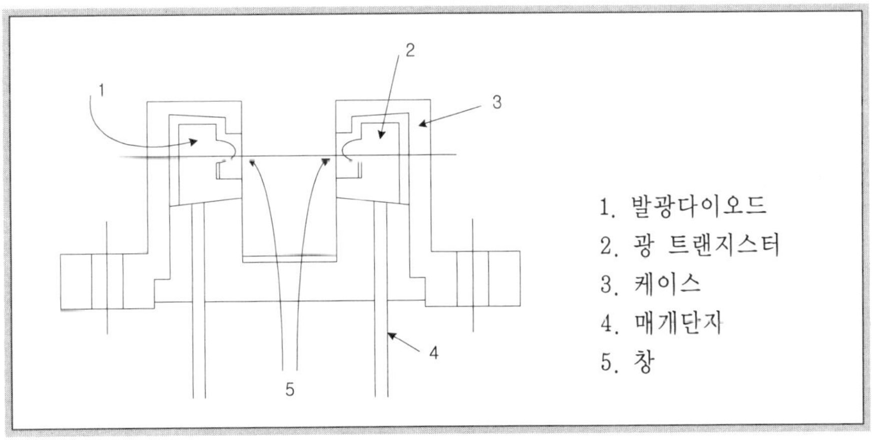


그림 5-15-1 광 차단기 구조도

그림 SB－17은 그림 5－15－2처럼 광 차단기 두 개로 되어 있다. SB－17을 연선으로 광 차단기 전로(14)의 CN22에 그림 5－15－3 처럼 연결하면 간격에 광 차단물이 없을 때 발광다이오드가 발산하는 광속은 직접 광 트랜지스터에 비출 수 있어 광 트랜지스터는 ON. U18C(U18B)입력은 Lo 이와 동시에 U 18D(U18E)는 Lo를 출력하며 LED19(LED20)는 켜지고, PH1(PH2)=Lo가 된다.

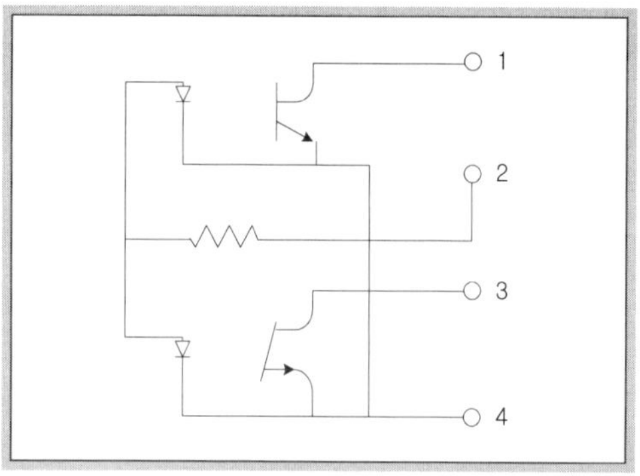


그림 5-15-2 SB-17 회로도

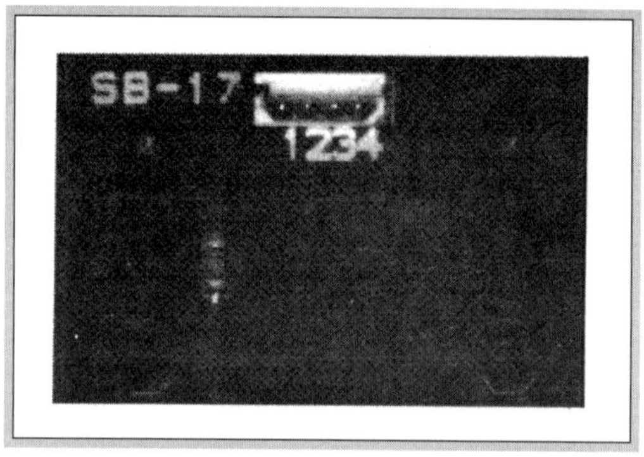


사진 5-15 SB-17

발광다이오드가 발산하는 광속은 직접 광 트랜지스터에 비출 수 있어 광 트랜지스터는 ON. U18C(U18B)입력은 Lo, 이와 동시에 U 18D(U18E )는 Lo를 출력하며 LED19(LED20)는 켜지고, PH1(PH2)=Lo가 된다. 반대로 간격에 광 차단물이 있으면 발광 다이오드가 발산하는 광속은 광 트랜지스터에 다다를 수 없으므로 광 트랜지스터는 OFF. U18C(U18B)입력은 Hi, U18D(U18E)는 Hi를 출력하며 LED19(LED20)는 꺼지고, PH1(PH2)=Hi가 된다.

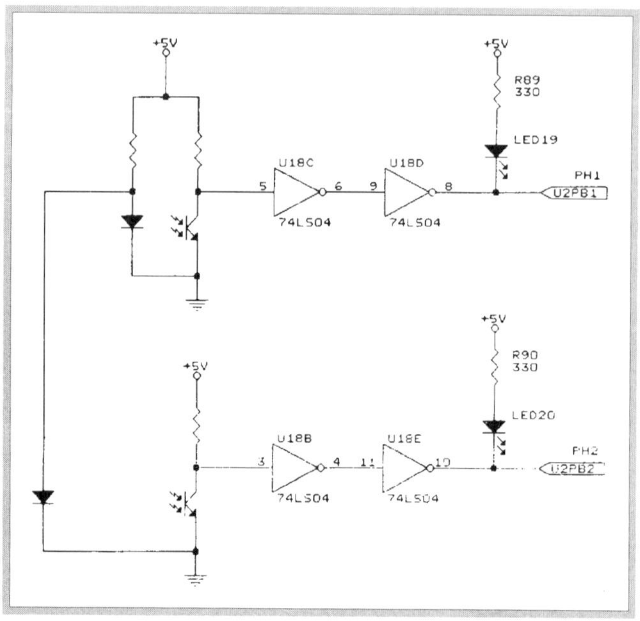


그림 5-15-3 광 차단기 응용 전로

## 3. 사용 기재

- 전자 센서 랩
- SB−17(광 차단기)
- 연선
- 단선(25cm)

## 4. 실험 순서

① SB−17을 연선으로 광 차단기 전로(14)의 입력 CN22에 연결한다.

② 하드보드지나 광선을 차단할 수 있는 물체로 광 차단기의 광선을 각각 차단하고(즉, 하드보드지를 광 차단기의 틈새에 끼운다.) LEB19, LED20의 변화를 관찰한다.
답 :

③ 단선(25cm)으로 CN33의 PHI과 CN29의 RLI CN33의 PH2와 CN 29의 RL2를 각각 연결한다.

④ 2번 단계를 반복하고 Relay 1, 2의 변화를 관찰한다.
답 :

# 5-16 직류모터 기본 실험

## 1. 목적

직류모터의 정·반회전 회전속도 제어방법에 익숙해진다.

## 2. 기본원리

직류모터 구동 전류는 그림 5−18처럼 Q2, Q3, Q4, Q5 트랜지스터가 bridge식 회로를 이룬다. 직류모터로 흐르는 전류방향은 제어하에 직류모터 정·반회전을 제어하는데 쓰인다. A, B점이 모두 Lo일 때 Q2, Q3, Q4, Q5 트랜지스터 네 개가 OFF되어 직류모터 양단 전압이 같다. 직류모터에 흐르지 않으므로 모터는 움직이지 않는다. A점이 HI이고 A점이

Lo일 때 Q2, Q5가 ON이 되고 Q3, Q4는 OFF가 되므로 직류모터 좌단은 정전압이 걸리고 우단은 부전압이 걸린다.

A점이 Lo이고 B점이 Hi일 때 Q3, Q4는 ON Q2, Q5는 OFF가 되어 직류모터 좌단을 부전압이, 우단에는 정전압이 걸린다. 이 방법을 이용해서 bridge식 회로의 네 개의 트랜지스터의 ON, OFF를 제어하면 직류모터의 정반회전을 제어할 수 있다.

bridge 식 회로 왼편의 MAND 스위치 4개와 인버터 두 개가 논리제어 회로를 이루어 bridge식 회로를 제어한다.

논리제어회로의 입력 신호는 FOR, ON과 직류모터의 전동상황의 관계는 아래와 같다.

| ON | FOR | |
|---|---|---|
| HI | HI | 직류모터정지 |
| HI | LO | 직류모터정지 |
| LO | HI | 직류모터 반시계 방향으로 회전하며 속도는 OP AMP 입력 전압으로 제어 |
| LO | LO | 직류모터 시계 방향으로 회전하며 속도는 OP AMP 입력 전압으로 제어 |

OP－AMP와 트랜지스터 Q1을 전류증폭기를 이루며 직류모터의 회전속도를 제어할 수 있다. OP－AMP의 입력전압 범위는 0~5(V)이고 입력전압과 회전속도는 정비례한다.

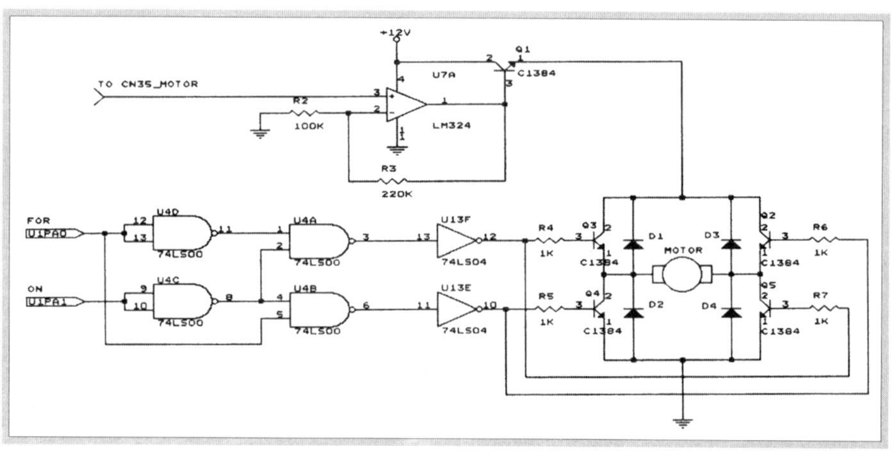


그림 5-16 직류모터 구동회로

## 3. 사용 기재

- 전자 센서 랩
- 단선(25cm) 1가닥

## 4. 실험 순서

① 단선으로 CN29의 FOR과 CN32의 SW8 CH29의 ON과 CN32의 SW8을 각각 결선 한다.

② SWI, SW8을 HI에 설정하고 직류모터의 상태를 관찰한다.
답 : (정지나 전동)

③ SWI을 LO에, SW8을 HI에 설정하고 직류모터의 상태를 관찰한다.
답 : (정지나 전동)

④ SWI을 HI에, SW8을 LO에 설정하고 직류모터의 상태를 잔찰한다.
답 : (정지나 전동)

⑤ CN3S를 MOTOR에 설정하고 단선(25cm)을 CN29의 DAC와 CNl6의 Pin 2를 각각 연결한다.

⑥ VR9를 조정하고 직류모터 상태를 관찰한다.
답 : (회전속도의 변화)

# 5-17 적외선 인체 센서기 기초실험

## 1. 설립목적

① 적외선 인체센서의 원리와 특성을 이해한다.
② 적외선 인체센서로 인체의 이동을 측정한다.

## 2. 기본 원리

인체 적외선 담지기는 초진식 혹은 초열식 적외선 센서라고도 하며 그 재료는 강매체 세라믹을 사용하였으니 몰리브덴 산 리튬 등 단위 결정 및 PVDF 등 유기 재료이다.

인체의 체온은 보통 36−7℃이며 방출해 내는 원적외선의 파장은 대략 9~10M이다. 결정들이 적외선에 흡수된 다음 극화 작용을 일으켜서 표면 전하를 누적시킬 수 있는 동시에 이러한 주적 전하의 강약을 흡수한 적외선의 강약과 비례한다. 이 원리를 이용하면 적외선을 전신 신호로 전환할 수 있다. 이런 효과를 초열 효과나 초전 효과라고 한다.

강매질 세라믹으로 제조된 감지 부품에 고압을 가해 분극하도록 하면 안정될 때 그림 5−17−1 A와 같이 되며 감지부품 표면은 주위 온도 변화에 의해 적외선을 흡수한다. 즉, 공기중에 유리 전하가 존재하는데 이러한 유리 전하는 강매질 세라믹으로 제조된 감지부품 내부의 부분 전하와 중화되어 그림 5−17−1 B와 같이 표면에 전위차가 생긴다. 적외선이 야기하는 유리 전하가 많을수록 전하의 중화도 많아지는 동시에 전위차도 커지게 된다.

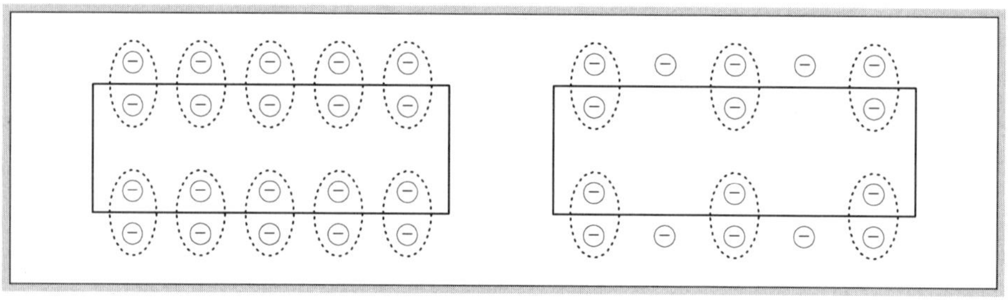

그림 5−17−1 (a) 안정되어 있을 때 (b) 주위 온도가 변할 때

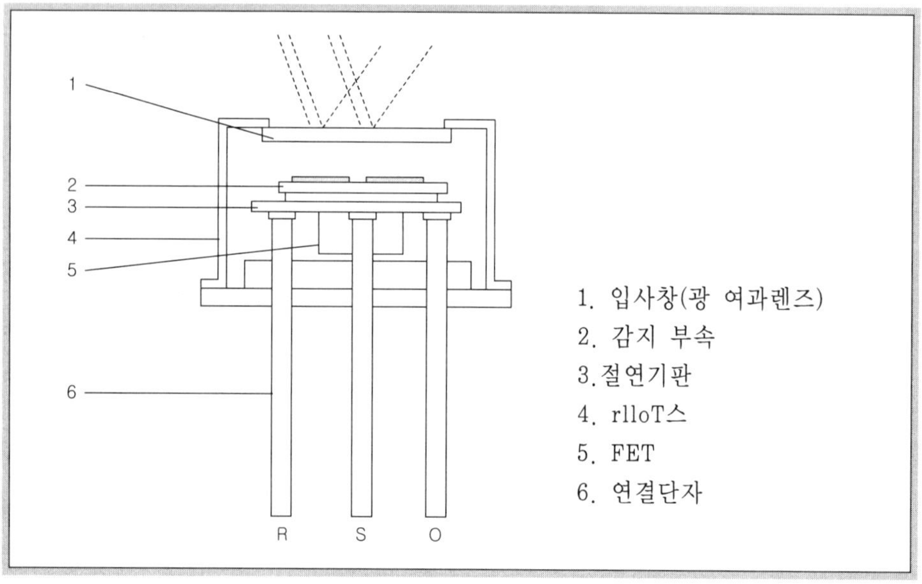


그림 5−17−2 인체 적외선 측정기 구조도

센서의 구조는 그림 5-17-2와 같이 감지기와 이를 받쳐주는 절연판, FET, 광여과 렌즈, 케이스, 매체 단자와 절연기판에 부합하는 후막 전지 저항이 있다. 그 중 광 여과 렌즈는 주로 적외선이 통과하도록 하기 위한 것으로 기타 적외선을 여과, 제거하고 일반적으로 7~14M의 적외선이 통과하도록 하여 불필요한 교란 광선을 제거한다.

인체가 발산하는 적외선은 에너지가 상당히 미약하여 온도가 25″C의 경우 1KM정도밖에 있는 사람만 감지해 낼 수 있으며 따라서 반드시 집광 시스템을 이용하여 감도를 높여야 한다. 흔한 집광 시스템은 플라스틱 렌즈이다. 플라스틱 렌즈는 종류가 많다. 그 종류에 따라 포커스, 앵글, 거리가 달라지므로 경우에 맞는 플라스틱 렌즈를 사용해야 한다.

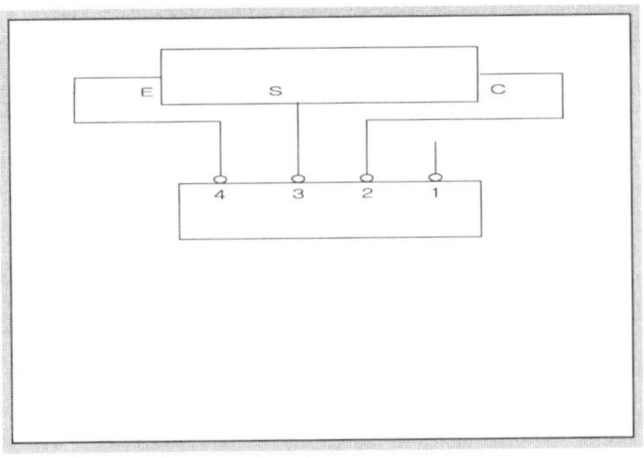


그림 5-17-3 SB-14 회로도

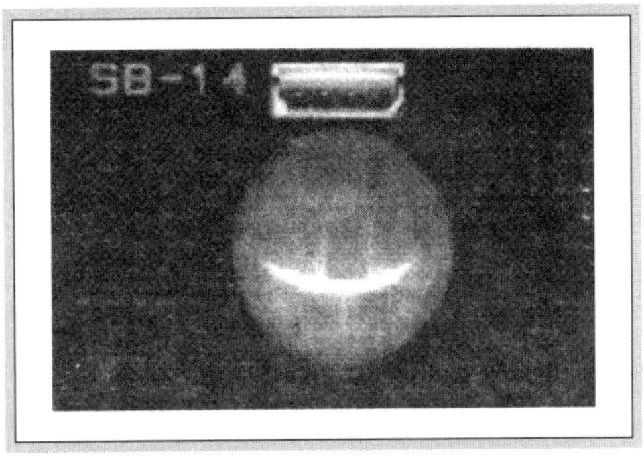


사진 5-16 SB-14

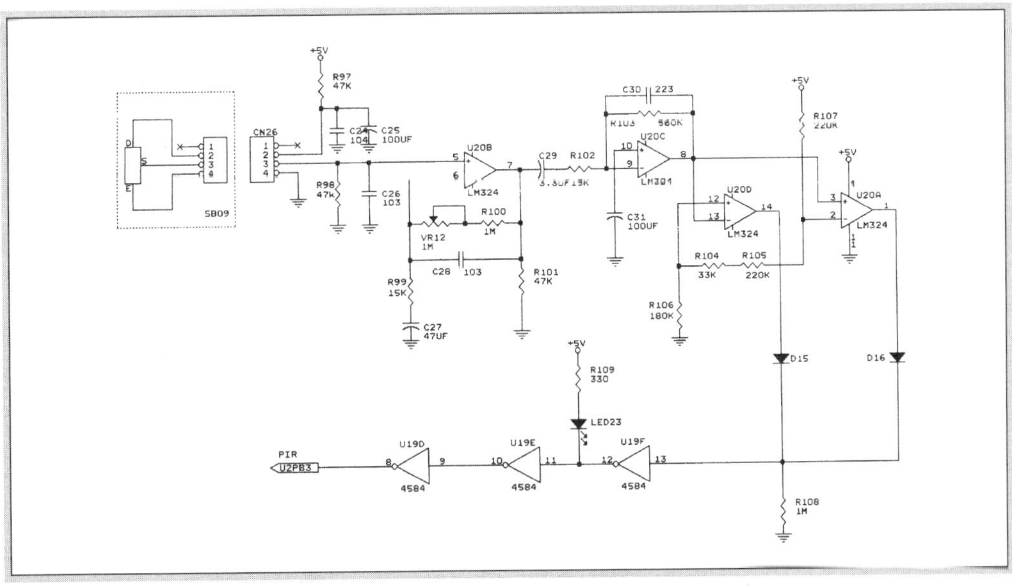

그림 5-17-4 인체 적외선 측정기 응용회로

### 3. 사용 기재

- 전자 센서 랩
- SB−14적외선 인체 센서
- 단선(25cm)  1 가닥

### 4. 실험 순서

① 적외선 인체센서 SB−14를 입력 CN26에 연결한다.

② 적외선 인체센서를 사람의 이동이 없는 방향으로 향하게 한 후 조정한다.

③ 손바닥을 적외선 인체센서 적당한 거리 앞에서 왼쪽으로부터 오른 쪽으로 이동시킨다. LED23의 변화를 관찰한다(이동 방향은 반드시 적외선 인체센서의 초반 방향과 평행이어야 한다.).
  답 :

④ 단선(25cm)으로 CM33의 PIR과 CN29의 RL2를 연결한다.

⑤ 1~3번 단계를 반복하고 Relay에 대한 영향을 관찰한다.
  답 :

## 5-18 소리센서 기초실험

### 1. 실험 목적

① 전용량성 마이크의 원리와 특성을 이해한다.
② 소리센서로 음성 신호를 제어하며 측정한다.

### 2. 기본 원리

전용량성 마이크의 구조는 그림 5−20−1과 같이 주로 진동 음파에 민감한 진동막과 고정극으로 되어 있다. 진동막은 얇은 금속막이 덮인 얇은 플라스틱막으로 진동막과 고정극 사이에서 진동 음파를 수신하여 변화시킨 수 있는 가변 전용량기가 되게 한다.

전용량성 마이크를 사용할 때는 전기저항 부하로 직류 전압을 제공해야 하며 진동 음파가 있으면 진동막이 전동하여 전용량에 변화가 생기게 된다. 변화한 전용량은 전기저항 부하에 전압강을 생성할 수 있다. 이 변화된 전압강은 진동 음파가 전환되어 얻은 신호 전압이다.

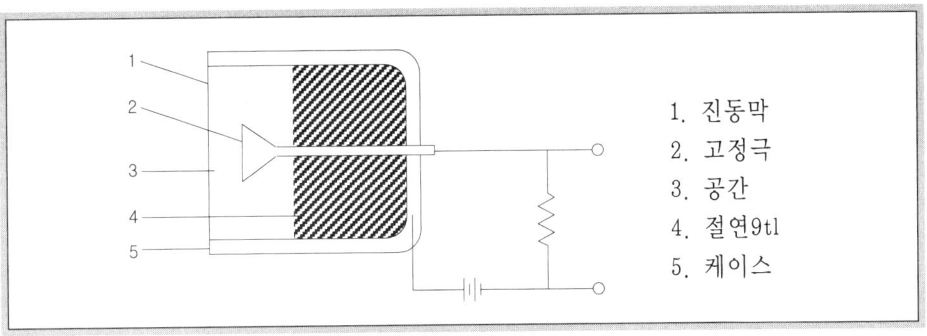


**그림 5-18-1 전용량성 마이크 구조도**

그림 5-18-2는 증폭 정형 회로로 전용량식 마이크가 취할 수 있는 미세한 신호 전압에 증폭을 가하고 정형하여 펄스 파형을 형성하게 된다. 신호 입혁이 없을 때 Q1은 R3에서 bios를 제공, Q1이 포화구역에서 작동한다. Q1집극 전압은 0V이다. Q2베이스와 Q1집극이 연결되어 있으므로 Q2는 마감 구역에서 작동하며 02 집극전압은 +5V이다.

손뼉소리, 두드리는 소리 등 어떤 신호가 입력될 때 신호의 부하파 부분은 Q1의 베이스 전압을 바꾸어 Q1이 순간, 멈추도록 하고 Q1집극 전압이 5V로 변하며 Q2 베이스 전압은 5V가 되는 동시 Q2는 전기가 통하고 Q2 집극진압은 0V를 출력도록 한다.

그리하여 변화된 소리 신호가 전용량식 마이크에 입력되면 트랜지스터 Q1, Q2 증폭 정형을 거쳐 Q2의 집극에서 펄스파형의 출력을 읜게 된다.

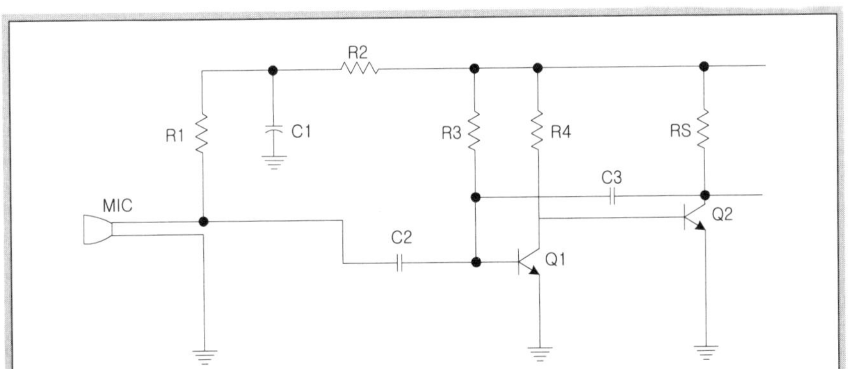


**그림 5-18-2 증폭정형회로**

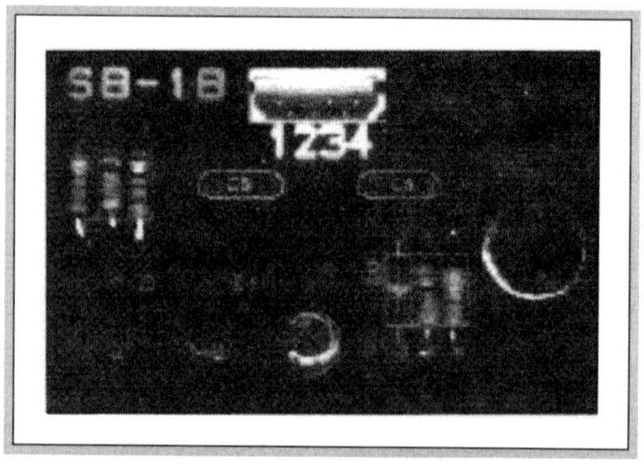


**사진 5-17** SB-18

SB-18을 연선으로 슈미트회로(11)의 입력(CN17, CN18, CN19)에 그림 5-18-3처럼 연결하면 마이크가 소리 신호를 검측했을 때 슈미트 회로는 STx = Lo를 출력하고 반대의 경우 STx = Hi를 출력한다.

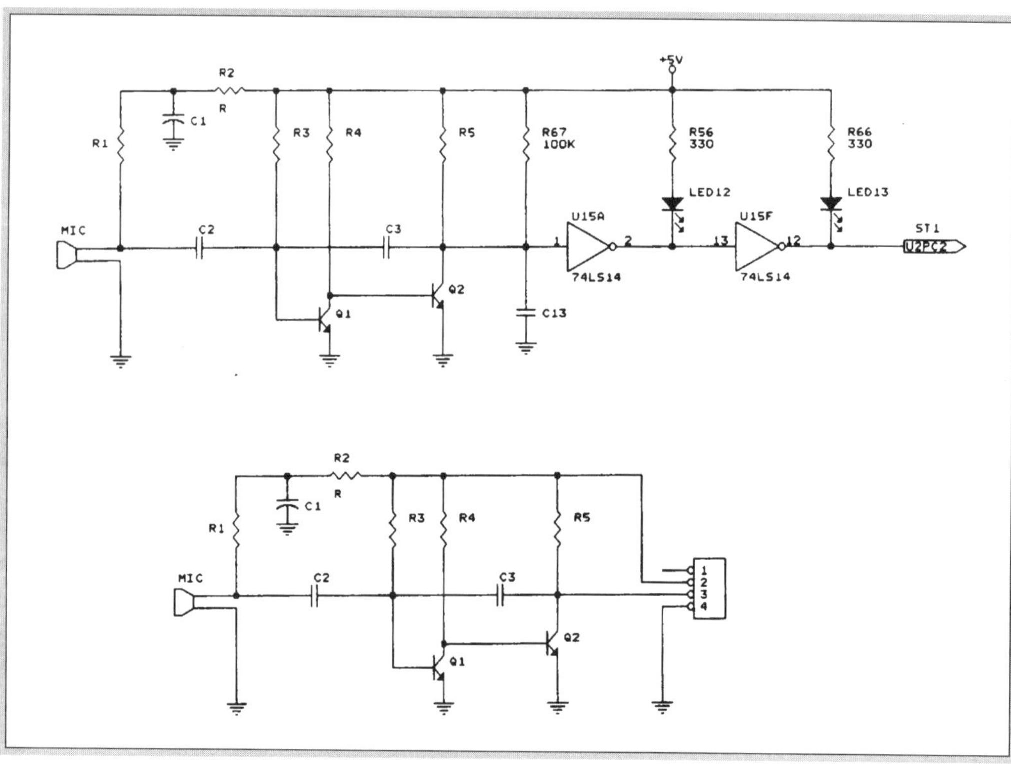


**그림 5-18-3** 소리선서응용회로 및 SB-18 회로도

## 3. 사용 기재

- 전자센서 랩
- SB－18 소리센서
- 연선 1가닥
- 단선(25cm) 1가닥

## 4. 실험 순서

① SB18을 연선으로 CN17에 연결한다.
LED 12 ___________(켜짐, 꺼짐)관찰
LED가 켜진 것은 소리센서가 소리를 감지하지 못함을 나타냄.
LED 13 ____________(켜짐, 꺼짐)관찰
LED가 켜진 것은 소리센서가 소리를 감지했음을 나타냄.

② 손뼉소리를 내다 멈춘다.
LED 12 ____________(켜짐, 꺼짐)관찰
LED가 켜진 것은 소리센서가 소리를 감지하지 못함을 나타냄.
LED 13 _____________(켜짐, 꺼짐)관찰
LED가 켜진 것은 소리센서가 소리를 감지했음을 나타냄.

③ 단선(25cm)으로 CN34의 571과 CM29의 RLI이나 BZ을 각각 연결하고 소리센서가 소리를 감지했을 때 Relay나 BUZZER에 미치는 영향을 관찰한다.
납 :

## 5. 마이크 응용 회로

그림 5－18－4는 증폭 회로로 전용량식 마이크가 취할 수 있는 미세한 신호 전압을 증폭하는 역할을 한다.

마이크를 통해 들어간 미세 신호는 C2를 통과하며 DC 성분이 제거되고 소리 신호인 AC 성분만 Q1을 통과하여 증폭된다. Q1을 통과하여 증폭된 신호는 다시 한번 C5를 통과하며 DC 성분은 제거되고 증폭된 신호가 출력된다.

회로 모듈을 구성하여 실험하고자 할 때는 구성된 모듈을 CN12와 연결한다.

[2]의 가청주파수 증폭기에서 CN4에 스피커를 연결하고 [EXT]로 음원 입력 단자를 선택한다.

CN36을 DC AMP로 설정하고 CN29의 ADC 단자를 CN6과 연결한 후 마이크에 입을 대고 말하면서 신호가 마이크로 출력되는지 관찰한다.

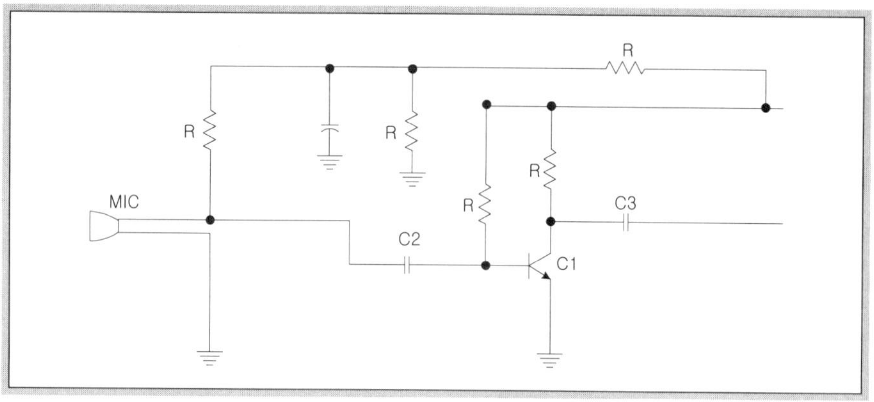


그림 5-18-4 마이크 응용회로도

## 5-19 근접 스위치 기초실험

### 1. 실험 목적

① 근접스위치의 원리와 특성을 이해한다.
② 근접스위치로 금속 근접 측정을 한다.

### 2. 기본원리

근접스위치는 크게 접촉형과 비접촉형으로 나뉜다. 접촉형은 극한스위치와 같으며 금속 근접스위치는 비접촉형 근접스위치에 속한다. 금속근접스위치의 내부 회로도는 그림 5-19-1과 같으며 검출코일, 고주파수 진동회로, 검파 회로, 파형정형 회로 등으로 구성된다. 그 중 고주파 진동회로는 LC진동회로가 틀이 되며 보통 때 비금속이 접근하면 고주파 진동회로는 진동 출력을 유지한다. 금속성 물체가 접근하면 검출 코일 자력선의 영향을 받아 고주파 진동 회로의 Q치에 영향을 주어 고주파 진동회로는 진동을 멈추며 나아가 금속성 물체를 검측해 낼 수 있게 된다. 그림 중의 검파회로, 파형정형 회로는 고주파 진동회로가 진동 주파수를 출력하는지의 여부를 판별하는데 쓰인다.

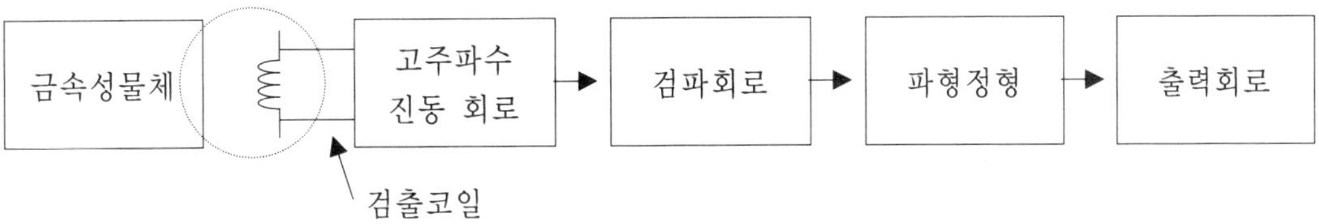


**그림 5-19-1 금속 근접 스위치**

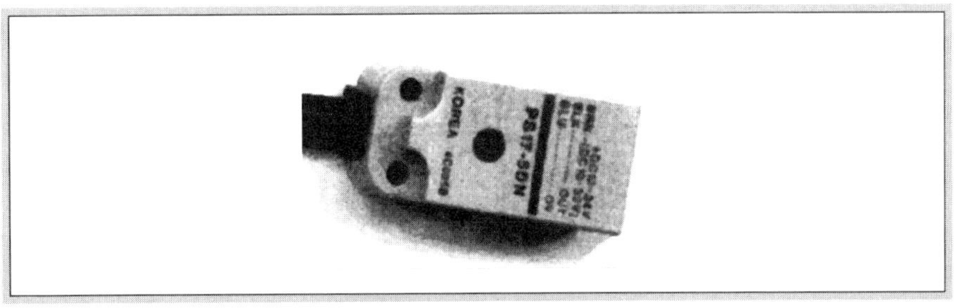


**사진 5-18 금속 근접스위치**

근접 스위치를 슈미트회로(11)의 입력(CNl7, CNl8, CNl9)에 연결하면 금속이 근접 스위치에 접근할 때 Ul5A에 Lo로 입력되며, UISF에 Lo로 출력되면서 LED13은 켜지고 511=Lo가 된다. 반대로 비금속이 근접스위치에 접근하면 Ul5A에 Hi로 입력되며, Ul5F에 Hi로 출력되면서 LED13은 꺼지고 ST1=Hi가 된다.

## 3. 사용기재

- 전자 센서 랩
- 근접스위치
- 연선 1가닥
- 단선(25cm) 1가닥

## 4. 실험 순서

① 근접스위치를 슈미트 회로(11)의 입혁 CNl7에 연결한다.

LED 12 ______________________________(켜짐, 꺼짐)관찰
LED 13 ______________________________(켜짐, 꺼짐)관찰

② 금속물체를 멀리서부터 근접 스위치에 접근시킨다.
LED 12 ______________________________(켜짐, 꺼짐 )관찰
LED 13 ______________________________(켜짐, 꺼짐 )관찰

③ 단선(5cm)으로 CN34의 STl과 CN29의 RL1이나 BZ를 연결하고 Relay나 BUZZER가 금속물체가 먼 곳에서부터 근접스위치에 가까이 접근할 때의 변화를 관찰한다.
답 :

## 5-20 습도센서 기초실험

### 1. 실험 목적

① 습도센서의 원리와 특성을 이해한다.
② 습도센서로 습도를 측정한다.

### 2. 기본원리

금속 산화물은 고온에서 소결되어 다공의 도자물이 되고, 다공 도자물의 표면은 공기중 수분의 수소이온을 흡수하여 물리적 변화 및 재료의 저항 변화를 일으킬 수 있는데 습도가 높을 때 저항은 낮아지며 반대로 습도가 낮을 때 저항간 나타나는 지수가 변화하게 된다.

습도센서는 이러한 특성을 이용하여 습도의 정도를 쉽게 측정할 수 있다. 그림 5-20-1은 습도센서의 등가회로이다.

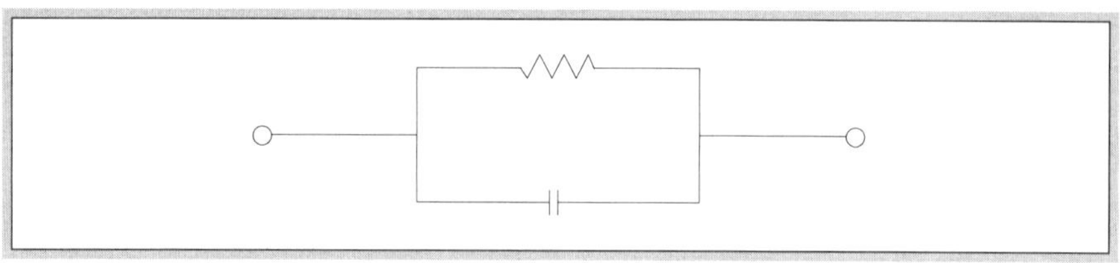

그림 5-20-1 습도 센서의 등가회로

습도 센서의 표면에 찌꺼기가 있으면 측정할 때 오차를 일으킬 수 있으므로 그 표면에는 보통 그물 형태의 플라스틱 방진커버를 씌워 공기중의 찌꺼기를 여과할 수 있다.

이 센서 랩 습도센서 부분은 습도신서의 틀을 배열해 두고 있으며 출하되기 전에 이미 조정되어 그 정확도가 높다. 아래는 습도센서의 규격이다.

① 작업전압　　　DC5V 5%
② 소모전류　　　약 2mA(최대 5mA)
③ 작업온도　　　0−60 ℃
④ 작업습도　　　90% RH보다 작다.
⑤ 습도 측정회로　　　30−90% RH
⑥ 출력전압(25℃, Vin=5V일 때)

| 습 도 | 출력전압 |
|---|---|
| 30%RH | 300mv |
| 40%RH | 400mv |
| 50%RH | 500mv |
| 60%RH | 600mv |
| 70%RH | 700mv |
| 80%RH | 800mv |
| 90%RH | 900mv |

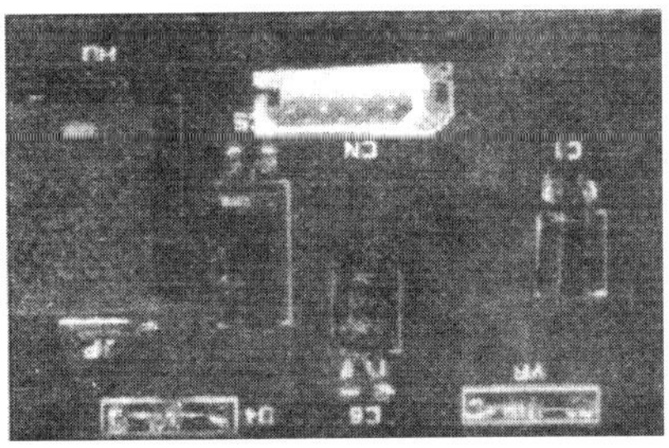

사진 5−19 습도센서

⑦ 출력저항이 5K 미만
⑧ 정확도　5% RH

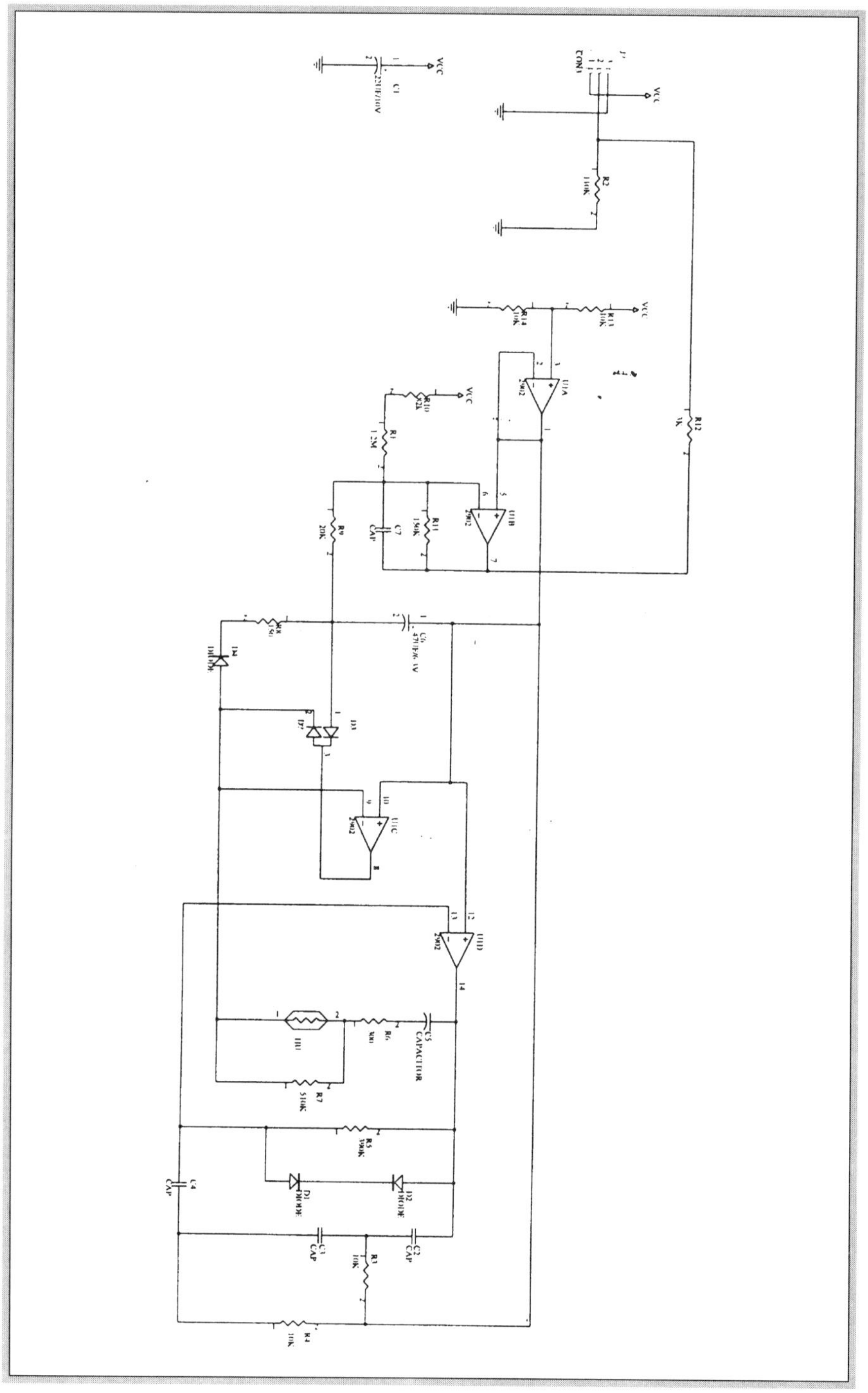

그림 5-20-2 습도 센서 회로도

## 3. 사용 기재

- 전자 센서 랩
- 습도센서 틀
- 연선
- 단선(25cm)
- 플라스틱 용기
- 플라스틱 도관 1가닥
- 물 1가닥

## 4. 실험 순서

① 습도센서 틀을 연선으로 전압 AMP(6)의 입력 CN12에 연결한다.

② CN 8을 2(측정범위 0~1V)에 설정
CN 10을 AV=1로 설정
CN 36을 DC AMP에 설정한다.

③ 단선(25cm)으로 CN29의 ADC와 CN7(TEST)을 연결한다.

④ 소량의 물(2~3방울)은 플라스틱 용기에 떨어뜨리고 플라스틱 도관을 용기의 출구에 연결한다.

⑤ 플라스틱을 가볍게 눌러 플라스틱내 수증기가 도관을 거쳐 습도센서로 불어 들어가게 한다.

[주의] 수분이 습도센서에 묻지 않게 한다.
입으로 직접 습도센서에 입김을 불지 않는다.

⑥ 전압 변화 상태를 관찰한다.
답 :

# 06 Interface Card



## 6-1 특 징

① 12Dit A/D전환기
② 12Dit D/A전환기
③ 8255 Interface U3는 A/D ICL7109제어에 사용
④ Interface card ADDRESS(000H－3FFH)를 설정할 수 있으며 다른 Interface card와 충돌을 일으키지 않음.
⑤ PC 한대에 CARD를 설치할 수 있음.
⑥ U4(ICL7109)로 이동해 가면 동시에 8255 세 개를 사용할 수 있음.
⑦ WAIT STATE 기능이 있어 PC SLOT CLOCK 사용에 적합함.

## 6-2 IC 용도설명

U1 : 8255 InterfaceIC PORT A · PROT B · PROT C는 CN1에 연결
U2 : 8255 InterfaceIC PORT A · PROT B · PROT C는 CN2에 연결
U3 : 8255 InterfaceIC는 A/D ICL 7109제어에 사용
PORT A · PROT B · PROT C는 CN3에 연결
U4 : ICL 7109 아날로그/디지탈 전환기
U5 : AD 7541 디지탈/아날로그 전환기
U6 : PEEL 18CV8 ADDDRESS SETTING
U7 : 74HCT688 ADDRESS COMPARATOR
U8 : 74HCT245 BUFFER
U9 : 74HCT174 CLOCK DELAY

U10 : 74HCT374 OCTAL 3-STATE NONINVERTING D-TYPE FLIP-FLOPS
U11 : 74HCT374 OCTAL 3-STATE NONINVERTING D-TYPE FLIP-FLOPS

## 6-3 JUMPER 설명

JP1 : CLOCK DELAY SELECT
JP2 : SET ADDRESS 설정
JP3 : DELAY CLOCK 설정 CLOCK 1-6개
JP4 : 디지탈/아날로그 전환기로 선택(AD 7541)하여 기준전압 +5V or -5V입력
JP5 : 디지탈/아날로그 전환기로 선택(AD 7541), BIPOLAR의 중심 전압은+/-2.5V이나 0V.
JP6 : 디지탈/아날로그 전환기로 선택(AD 7541), (BIPOLAR)나 (UNIPOLAR)로 출력

## 6-4 설치 설명

Interface card를 컴퓨터에 아래와 같이 설치하시오.

① 퍼스널 컴퓨터의 전원을 끌 것
② 조심스럽게 퍼스널 컴퓨터 케이스의 나사를 풀고 케이스를 해체
③ Interface card를 퍼스널 컴퓨터 내의 SLOT에 끼운다.
④ 34 PIN 배선 두 줄의 한끝씩을 ADIO-113의 CN1, CN2에 각각 꽂는다.
⑤ 34 PIN 배선 두 줄의 다른 한끝을 센서 랩의 CN27, CN28에 각각 꽂는다.
Card CN1은 센서랩 CN27에 연결
Card CN2은 센서랩 CN28에 연결
⑥ 퍼스널 컴퓨터의 케이스를 덮고 나사를 조인다.
⑦ 다시 퍼스널 컴퓨터의 전원을 켠다.

## 6-5 ADDRESS SETTTING 설명

① Interface I.C COMMAND ADDRESS

| A3 | A2 | A1 | AO | ADDRESS | I/O |
|---|---|---|---|---|---|
| 0 | 0 | 0 | 0 | －0H | U1 8255 PORT A |
| 0 | 0 | 0 | 1 | －1H | U1 8255 PORT B |
| 0 | 0 | 1 | 0 | －2H | U1 8255 PORT C |
| 0 | 0 | 1 | 1 | －3H | U1 8255 CONTROL WORD |
| 0 | 1 | 0 | 0 | －4H | U2 8255 PORT A |
| 0 | 1 | 0 | 1 | －5H | U2 8255 PORT B |
| 0 | 1 | 1 | 0 | －6H | U2 8255 PORT C |
| 0 | 1 | 1 | 1 | －7H | U2 8255 CONTROL WORD |
| 1 | 0 | 0 | 0 | －8H | U3 8255 PORT A |
| 1 | 0 | 0 | 1 | －9H | U3 8255 PORT B |
| 1 | 0 | 1 | 0 | －AH | U3 8255 PORT C |
| 1 | 0 | 1 | 1 | －BH | U3 8255 CONTROL WORD |
| 1 | 1 | 0 | 0 | －CH | LB_DAC(IOW) |
| 1 | 1 | 0 | 1 | －DH | |
| 1 | 1 | 1 | 0 | －EH | HB_DAC |
| 1 | 1 | 1 | 1 | －FH | |

② Interface card ADDRESS

| A9 | A8 | A7 | A6 | A5 | A4 | ADDRESS |
|---|---|---|---|---|---|---|
| 0 | 0 | 0 | 0 | 0 | 0 | 000H － 00FH |
| 0 | 0 | 0 | 0 | 0 | 1 | 010H － 01FH |
| 0 | 0 | 0 | 0 | 1 | 0 | 020H － 02FH |
| 0 | 0 | 0 | 0 | 1 | 1 | 030H － 03FH |
| 0 | 0 | 0 | 1 | 0 | 0 | 040H － 04FH |
| 0 | 0 | 0 | 1 | 0 | 1 | 050H － 05FH |

| | | | | | | |
|---|---|---|---|---|---|---|
| 0 | 0 | 0 | 1 | 1 | 0 | 060H – 06FH |
| 0 | 0 | 0 | 1 | 1 | 1 | 070H – 07FH |
| 0 | 0 | 1 | 0 | 0 | 0 | 080H – 08FH |
| 0 | 0 | 1 | 0 | 0 | 1 | 090H – 09FH |
| 0 | 0 | 1 | 0 | 1 | 0 | 0A0H – 0AFH |
| 0 | 0 | 1 | 0 | 1 | 1 | 0B0H – 0BFH |
| 0 | 0 | 1 | 1 | 0 | 0 | 0C0H – 0CFH |
| 0 | 0 | 1 | 1 | 0 | 1 | 0D0H – 0DFH |
| 0 | 0 | 1 | 1 | 1 | 0 | 0E0H – 0EFH |
| 0 | 0 | 1 | 1 | 1 | 1 | 0F0H – 0FFH |

| A9 | A8 | A7 | A6 | A5 | A4 | ADDRESS |
|---|---|---|---|---|---|---|
| 0 | 1 | 0 | 0 | 0 | 0 | 100H – 10FH |
| 0 | 1 | 0 | 0 | 0 | 1 | 110H – 11FH |
| 0 | 1 | 0 | 0 | 1 | 0 | 120H – 12FH |
| 0 | 1 | 0 | 0 | 1 | 1 | 130H – 13FH |
| 0 | 1 | 0 | 1 | 0 | 0 | 140H – 14FH |
| 0 | 1 | 0 | 1 | 0 | 1 | 150H – 15FH |
| 0 | 1 | 0 | 1 | 1 | 0 | 160H – 16FH |
| 0 | 1 | 0 | 1 | 1 | 1 | 170H – 17FH |
| 0 | 1 | 1 | 0 | 0 | 0 | 180H – 18FH |
| 0 | 1 | 1 | 0 | 0 | 1 | 190H – 19FH |
| 0 | 1 | 1 | 0 | 1 | 0 | 1A0H – 1AFH |
| 0 | 1 | 1 | 0 | 1 | 1 | 1B0H – 1BFH |
| 0 | 1 | 1 | 1 | 0 | 0 | 1C0H – 1CFH |
| 0 | 1 | 1 | 1 | 0 | 1 | 1D0H – 1DFH |
| 0 | 1 | 1 | 1 | 1 | 0 | 1E0H – 1EFH |
| 0 | 1 | 1 | 1 | 1 | 1 | 1F0H – 1FFH |

| A9 | A8 | A7 | A6 | A5 | A4 | ADDRESS |
|---|---|---|---|---|---|---|
| 1 | 0 | 0 | 0 | 0 | 0 | 200H – 20FH |
| 1 | 0 | 0 | 0 | 0 | 1 | 210H – 21FH |
| 1 | 0 | 0 | 0 | 1 | 0 | 220H – 22FH |
| 1 | 0 | 0 | 0 | 1 | 1 | 230H – 23FH |
| 1 | 0 | 0 | 1 | 0 | 0 | 240H – 24FH |
| 1 | 0 | 0 | 1 | 0 | 1 | 250H – 25FH |
| 1 | 0 | 0 | 1 | 1 | 0 | 260H – 26FH |
| 1 | 0 | 0 | 1 | 1 | 1 | 270H – 27FH |
| 1 | 0 | 1 | 0 | 0 | 0 | 280H – 28FH |
| 1 | 0 | 1 | 0 | 0 | 1 | 290H – 29FH |
| 1 | 0 | 1 | 0 | 1 | 0 | 2A0H – 2AFH |
| 1 | 0 | 1 | 0 | 1 | 1 | 2B0H – 2BFH |
| 1 | 0 | 1 | 1 | 0 | 0 | 2C0H – 2CFH |
| 1 | 0 | 1 | 1 | 0 | 1 | 2D0H – 2DFH |
| 1 | 0 | 1 | 1 | 1 | 0 | 2E0H – 2EFH |
| 1 | 0 | 1 | 1 | 1 | 1 | 2F0H – 2FFH |

| A9 | A8 | A7 | A6 | A5 | A4 | ADDRESS |
|---|---|---|---|---|---|---|
| 1 | 1 | 0 | 0 | 0 | 0 | 300H – 30FH |
| 1 | 1 | 0 | 0 | 0 | 1 | 310H – 31FH |
| 1 | 1 | 0 | 0 | 1 | 0 | 320H – 32FH |
| 1 | 1 | 0 | 0 | 1 | 1 | 330H – 33FH |
| 1 | 1 | 0 | 1 | 0 | 0 | 340H – 34FH |
| 1 | 1 | 0 | 1 | 0 | 1 | 350H – 35FH |
| 1 | 1 | 0 | 1 | 1 | 0 | 360H – 36FH |
| 1 | 1 | 0 | 1 | 1 | 1 | 370H – 37FH |
| 1 | 1 | 1 | 0 | 0 | 0 | 380H – 38FH |
| 1 | 1 | 1 | 0 | 0 | 1 | 390H – 39FH |
| 1 | 1 | 1 | 0 | 1 | 0 | 3A0H – 3AFH |
| 1 | 1 | 1 | 0 | 1 | 1 | 3B0H – 3BFH |
| 1 | 1 | 1 | 1 | 0 | 0 | 3C0H – 3CFH |
| 1 | 1 | 1 | 1 | 0 | 1 | 3D0H – 3DFH |
| 1 | 1 | 1 | 1 | 1 | 0 | 3E0H – 3EFH |
| 1 | 1 | 1 | 1 | 1 | 1 | 3F0H – 3FFH |

## 6-6 회로도·부속위치도

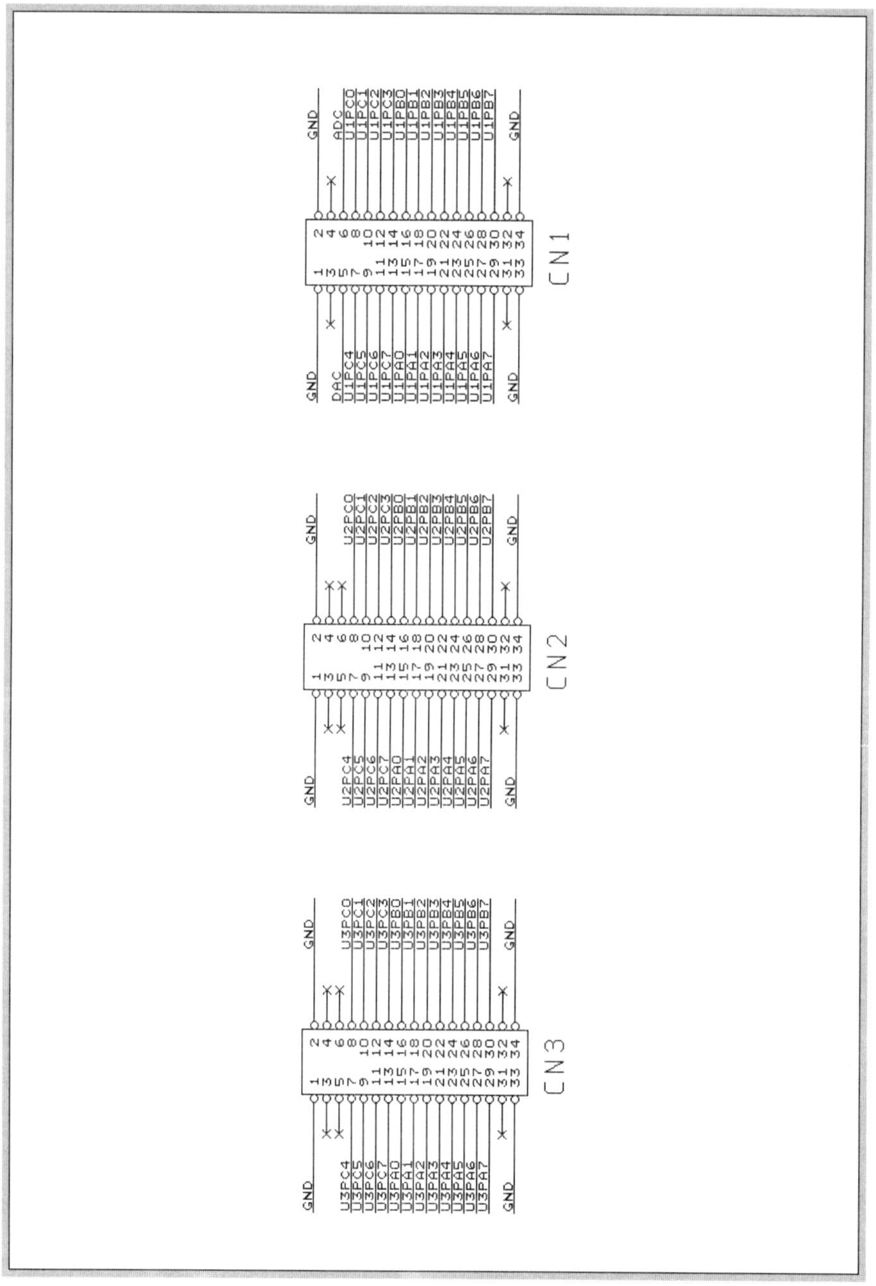

## 6-7 사용설명

① 출하시 JUMPER 위치

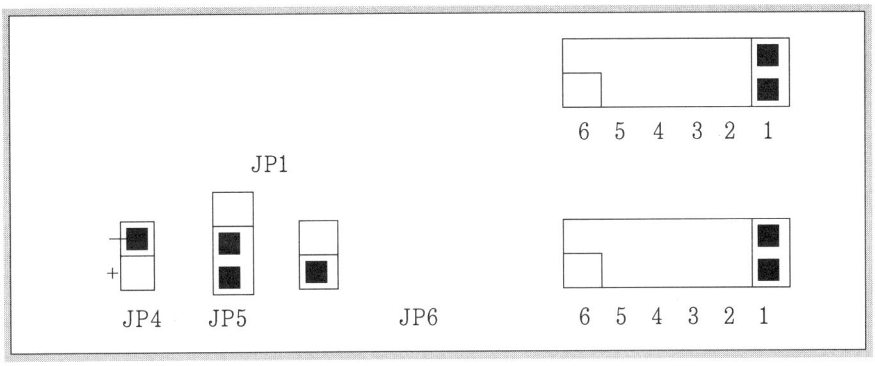


(1) CLOCK 하나 지연(JP1, JP3)

(2) Interface card 위치주소 암호해독 3E0H−3EFH(JP2)

(3) 디지탈/아날로그 전환기 참고전압 −5V(JP4)

(4) 디지탈/아날로그 전환기 UNIPOLAR 출력 0V− +5, 0V− −5V(JP6)

② 디지탈 / 아날로그 전환기

단극성(UNIPOLAR)과 쌍극성(BIPOLAR)조작

(1) 단극성 조작(JP6는 아래 UNI에 설정)

| DIGTAL INPUT | ANALOG OUTPUT |
|---|---|
| 111111111111 | $-VREF(1 - 1/2^{12})$ |
| 100000000001 | $-VREF(1/2 + 1/2^{12})$ |
| 100000000000 | −VREF / 2 |
| 011111111111 | $-VREF(1/2 - 1/2^{12})$ |
| 000000000001 | $-VREF(1/2^{12})$ |
| 000000000000 | 0 |

(2) 쌍극성 조작(JP6를 위의 BI로 설정)

| DIGTAL INPUT | ANALOG OUTPUT |
|---|---|
| 111111111111 | $-VREF(1 - 1/2^{11})$ |
| 100000000001 | $-VREF(1/2^{11})$ |
| 100000000000 | 0 |
| 011111111111 | $VREF(1/2^{11})$ |
| 000000000001 | $VREF(1 - 1/2^{11})$ |
| 000000000000 | VREF |

# 07 전자센서 고급실험



## 시작하기 전에

- DISKETTE : 제공된 3.5" DISKETTE에는 BASIC용 PROGRAM과 C용 PROGRAM이 있습니다. 7장에서는 이 두 가지 PROGRAM을 같이 실험할 수 있도록 예제를 만들었습니다.

- GWBASIC : BASIC PROGRff4은 간단한 동작을 실행시킬 수 있는 PC INTERFACE PROGRAM입니다. 한글 BASIC을 실행한 후 제공된 BAS PROGRAM을 LOAD하여 RUN을 합니다. : )> GWBASIC [Enter↵]

- C : 두 가지 PROGRAM 중에서 권장하고 있는 PROGRAM입니다.
  가. 실행 PROGRAM FLOPPY DISK에 DISKETTE을 삽입한다.
  A:\>SENSOR [Enter↵]
  실행이 정상적으로 되면 좌측 그림과 같은 화면이 나타난나.
  화면 아래쪽에 있는 상자를 선택함으로서 센서를 실험할 수 있는 환경이 된다.

- 주의 : SENSOR PROGRAM은 MDA. CGA, EGA MODE에서는 동작이 불가능하다.

## 들어가기 전에

1. PC와 Interface Card, 본체를 연결한다.
2. CN29의 ADC와 DAC를 단선으로 서로 연결한다.
3. DAC LEVEL을 ←, →를 이용하여 OV로 조정한다.
4. 이때 ANALOG GRAPHE가 0V로 Setting이 되었는지를 확인한다.
5. ANALOG GRAPHE가 0V가 아닐 때에는 PC Interface Card의 R6과 RIO을 조정하여 0V로 Setting 한다. 이때 DAC LEVEL은 0V가 되어 있어야 한나.

6. F1 key를 눌렀을 때 Main Board의 relay 1이 동작되는지를 확인한다.
7. F2 key를 눌렀을 때 Main Board의 relay 2가 동작되는지를 확인한다.
8. F3 key를 눌렀을 때 Motor가 회전하는지를 확인한다.
9. F4 Key를 눌렀을 때 Motor가 동작 중에 반대로 회전하는지를 확인한다.
10. F5 Key를 눌렀을 때 Buzzer가 동작되는지 확인한다.
11. F6 key를 눌렀을 때 main board(14:적외선…)의 LED21이 ON/OFF되는지를 확인한다.
12. MAIN BOARD상의 로직위치 표준 표시기 스위치를 ON/OFF 할 때 모니터의 로직위치 표준 표시기가 정상적으로 작동하는지를 확인한다.

## C 언어 프로그램 구성

① #include <기본 입출력 헤더화일>

② void mail(void)

{

③ 인터페이스 카드 주소 세팅

: HJ600A에서 제공하는 인터페이스의 입/출력 주소 디코딩 설정 참조

U1PORTA=0×3E0 U1PORTB=0×3E1 U1PORTC=0×3E2 U1CTL=0×3E3

U2PORTA=0×3E4 U2PORTB=0×3E5 U2PORTC=0×3E6 U2CTL=0×3E7

④ 8255 콘트를 워드 설정

: U1 = 포트A, B, C 모두 출력설정, U2=포트A, B, C 모두 입력설정

⑤ 화면 출력 루틴

⑥ 인터페이스 카드로부터 데이터 입/출력 루틴

}

- ③, ④에서 설정된 인터페이스 카드 어드레스는 카드의 점퍼 변경 가능 다만, 사용자 컴퓨터와 실험시 아무 충돌이 없다면 기본 셋팅 어드레스 이용을 권장
- ⑥ 매번 실험마다 읽어 들이는 포트가 달라지므로 소스의 주석 참조 바람.
- 한글 지원 안 될시 글자 폰트가 깨져 나올 수 있음.

# 7-1 광 반응 전기저항 고급실험

## 1. 실험 명칭

광 반응 전기저항 고급실험

## 2. 실험 목적

광 반응 전기저항을 어떻게 마이크로 컴퓨터 시스템과 연결, 광도 측정을 하는지 학습한다.

## 3. 실험 순서

① 인터페이스카드를 설치순서에 따라 퍼스널 컴퓨터에 설치한다.

② 34 Pin 배선으로 인터페이스카드 CN1과 MAIN의 CN27를 연결한다.

③ 연선으로 SB−01과 전자 센서 랩의 CN14(12)를 연결한다.

④ VR9를 조정하여 측정하려는 광도를 설정한다.

⑤ 손으로 광 반응전기 저항으로 비치는 광선을 차단한다.
이때 컴퓨터 모니터에 "亮度不足(빛이 부족함)"문자가 뜨는 지의 여부를 관찰한다.
INTERFACE VR9를 조정하여 기준전압을 3V로 하였다.

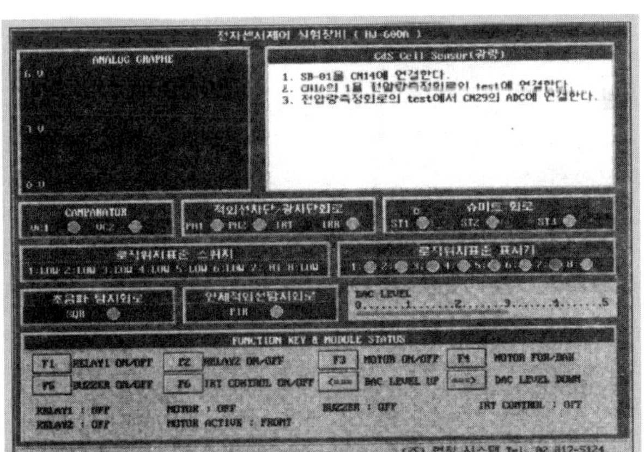

그림 7-1-1 INTERFACE

### 실험 결과

빛이 강할수록 출력전압이 점점 상승하여 4V까지 상승하였고 COMPARATOR의 VC1은 ON이 되었다.

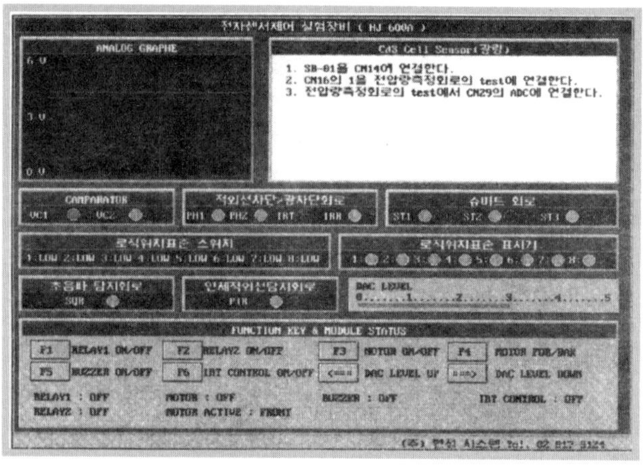


그림 7-1-2 실험 결과

## 5. C PROGRAM

```
#include <stdio.h>
#j'nclude <conio.h>
void main(void)
{
    /*초기화 모드 ( 주소 셋팅) */
    unsigned short ulporta = OX3e0; // ulporta에 대한 주소
    unsigned short ulportb = OX3el; // ulportb에 대한 주소
    unsigned short ulportc = 0×3e2; // ulportc에 대한 주소
    unsigned short ulctl = 0×3e3; // ul의 컨트롤 모드에 대한 주소
    int ulmode = OX80;            // ul port a, b, c : 출력모드 지정
    unsigned short u2porta = 0×3e4; // u2porta에 대한 주소
    unsigned short ufportb = Ox3es; // u2portb에 대한 주소
    unsigned short ufportc = 0×3e6; // u2portc에 대한 주소
    unsigned short ufctl = 0×3e7;  // u2의 컨트롤 모드에 대한 주소
    int uEmode = Ox9b;            // u2 port a, b, c : 입력모드 지정
    /* 포트 초기화 및 입출력 모드 지정 */
    OUtp(ulctl, ulmode); // ulpo티를 출력모드로 지정
```

```
    OUtp(ulporta, Oxff); // ulporta를 Oxff로 초기화
    OUtp(ulportb, Oxff); // ulportb를 Oxff로 초기화
    OUtp(ulportc, OXO);
    OUtp(u2ctl, u2mode); // u2port를 입력모드로 지정

    clrscr();
          printf("****************************************\n");
printf("*                                        *\n");
printf("*              센서 고급실험              *\n");
printf("*                                        *\n");
printf("*   실험 명칭 : 광 반응 전기저항 실험       *\n");
printf("*                                        *\n");
printf("*   파일이름 : HJ600A_1.CPP               *\n");
printf("*                                        *\n");
printf("*  실험 방법 :                            *\n");
printf("“*                                       *\n");
printf("*1. 40pin으로 인터페이스 카드 CN2와 장비 CN28을 연결 *\n");
printf("*                                        *\n");
printf("* 2. 연선으로 SB-01과 장비 CN14를 연결      *\n");
printf("*                                        *\n");
printf("*****************************************************\n");
printf("\n");
printf("\n");
      /*Main Program*/
      int u2c;

        while(1)
        {
          u2c = inp(ufportc);
          if((u2c & OxOl) == 0) //u2 포트C의 BITO의 데이터 검출
            printf("Status : Extremely Hight");

          else
            printf("Status : Normal        \r");
        }
}
```

# 7-2 서미스터 고급실험

## 1. 실험 명칭

서미스터 고급실험

## 2. 실험 목적

서미스터와 마이크로 컴퓨터 시스템이 어떻게 연결되어, 온도 측정을 하는지 학습한다.

## 3. 실험 순서

① 인터페이스카드를 설치순서에 따라 퍼스널 컴퓨터에 설치한다.

② 34 Pin 배선으로 인터페이스 카드의 CN1과 장비(9)의 CN27 ; 인터페이스 카드의 CN2와 장비(9)의 CN28을 각각 결선 한다.

③ 연선으로 SB−02과 전자 센서 랩의 CN14(12)를 연결한다.

④ VR9를 조정하여 측정하려는 온도를 설정한다.

⑤ 드라이기나 전기인두의 필라멘트 부분으로 서미스터의 온도를 변화시키고 설정된 온도를 넘어섰을 때 컴퓨터 모니터 상에 "溫度過高(온도 너무 높음)" 문자가 뜨는지의 여부를 관찰한다.

● INTERFACE : VR9를 조정하여 기준전압을 3V로 하였다.

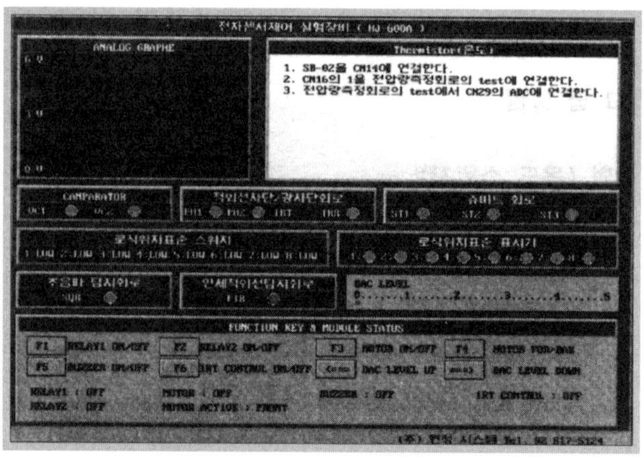

그림 7-2-1 INTERFACE

### 실험 결과

열을 가한 후 출력전압이 상승하여 5V까지 상승하였고 COM-PARTOR의 VC1은 ON이 되었다.

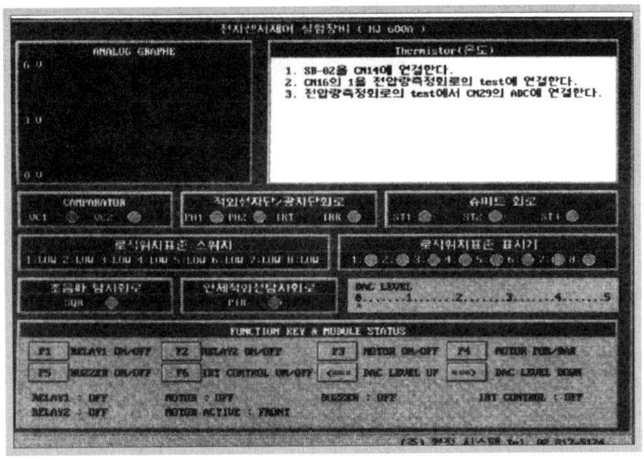


그림 7-2-2 실험 결과

## 4. C 프로그램

```
#include <stdio.h>
#include <conio.h>

void main( void )
{
     /*Preprocessing*/
     unsigned short ulporta = 0×3e0;
     unsigned short ulportb = 01×3e1;
     unsigned short ulportc = 01×3e2;
     unsigned short ulctl = OX3e3;
     int ulmode = OX80;
     unsigned short u2porta = (char) OX3e4;
     unsigned short u2portb = (char) OX3e5;
     unsigned short uEportc = (char) OX3e6;
     unsigned short uEctl = OX3e7;
     int u2mode = OX9b;\
```

```
      outp(ulctl, ulmode);
    outp(ulporta, 0xff);
    outp(ulportb, 0xff);
    outp(ulportc, 0x0);
    outp(u2ctl, u2mode);

    /* Display */
     clrscr();
printf("*********************************************************\n")
;
printf("*                                                        *\n");
printf("*                    센서 고급실험                       *\n");
printf("*                                                        *\n");
printf("*     실험 명칭 : 서미스터 실험                          *\n");
printf("*                                                        *\n");
printf("*     파일이름 : HJ600A_2.CPP                            *\n");
printf("*                                                        *\n");
printf("*     실험 방법 :                                        *\n");
printf("*                                                        *\n");
printf("*1. 40pin으로 인터페이스 카드 cn2와 장비 cn28을 연결.*\n");
printf("*                                                        *\n");
printf("* 2. 연선으로 SB-02와 장비 CN14를 연결.                  *\n");
printf("*                                                        *\n");
Printf("*********************************************************\n")
;
printf("\n");
printf("\n");
       /*Main Program*/
       int u2c;
       int i;
       while(1)
       {
             u2c = inp(ufportc);
             if( (u2c & 0x01) == 0) //u2 포트C의 B10의 데이터 검출
                     printf("Temperature is extremely high!)r");
             else

                     printf("Temperature is Normal!    \r");
             for(i=0; i<10000; i++);
       }
}
```

# 7-3 태양전지 고급실험

## 1. 실험 명칭

태양전지 고급실험

## 2. 실험 목적

태양전지와 마이크로 컴퓨터 시스템을 연결하여 응용하는 방법을 알아본다.

## 3. 실험 순서

① 인터페이스카드를 설치순서에 따라 퍼스널 컴퓨터에 설치한다.

② 34 Pin 배선으로 인터페이스카드의 CN1과 주기기의 CN27 ; 인터페이스카드의 CN2와 주기기의 CN28을 각각 결선한다.

③ 연선으로 SB−03과 전자센서랩의 CN14(12)를 연결한다.

④ VR9를 조정하여 측정하려는 광도를 설정한다.

⑤ 손으로 태양전지에 비추고 있는 빛을 가리고 이 때 컴퓨터 모니터의 ANALOG GRAPH 및 COMPARATOR의 VC1 LED를 관찰한다.

### Interface

실험장소의 외부 조명으로 인하여 2V의 전압이 출력되고 있다.

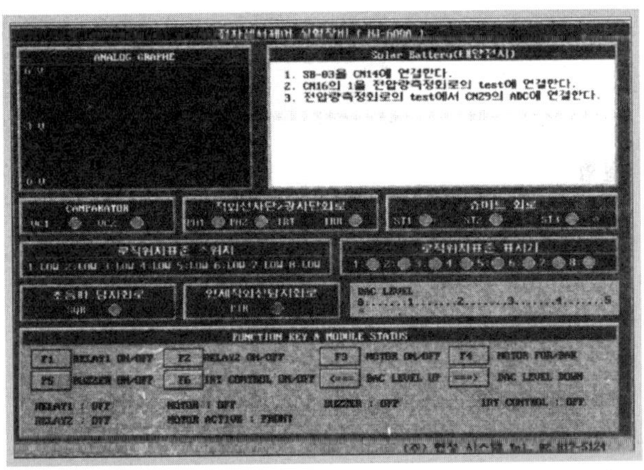


그림 7−3−1 INTERFACE

### 실험 결과

손전등의 거리를 근접시키면 출력전압은 증가하여 현재는 3V가 되었다.

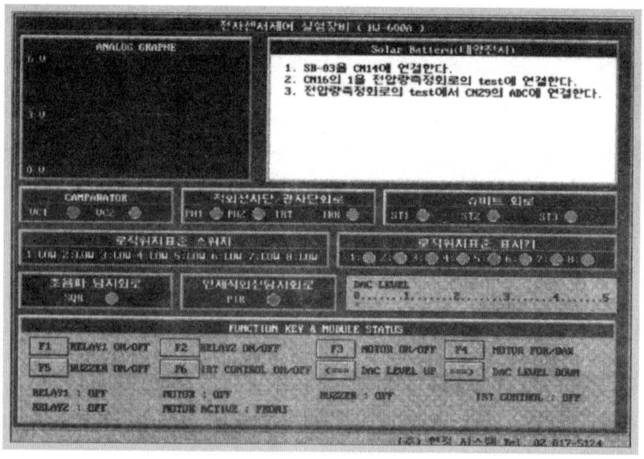


그림 7-3-2 실험 결과

## 4. C 프로그램

```
#include <stdio.h>
#include <cfnie.h>

void main( void )

        /* Preprocessing* /
        unsigned short ulporta              = 0×3e0;
        unsigned short ulportb              = 0×3e1;
        unsigned short ulportc              = 0×3e2;
        unsigned short ulctl =                0×3e3;
        int ulmode = 0x80;
        unsigned short u2porta = (char) 0×3e4;
        unsigned short u2portb = (char) 0×3e5;
        unsigned short u2portc = (char) 0×3e6;
        unsigned short u2ctl = 0×3e7;
        int uanlode = 0x9b;
```

```
        outp(ulctl, ulmode);
        outp(ulporta, 0xff);
        outp(uIPortb, 0xff);
        outp(ulportc, 0x0);
        outp(uEctl, u2mode);

        /* Display */
        clrscr();
        printf("********************************************\n");

printf("*                                              \n");
printf("* 센서 고급실험                                \n");
printf("* 실험 명칭 : 태양전지 실험(광전스위치)        \n");
printf("*                                              \n");
printf("* 파일이름 : HJ600A_3.CPP                      \n");
printf("*                                              \n");
printf("* 실험방법 :                                   \n");
Printf("*                                              \n");
printf("* 1. 40핀으로 인터페이스 카드 CN2와 장비 CN28을 연결.  \n");
printf("*                                              \n");
printf("*****************************************************\n");
printf("\n");
printf("\n");
       /*Main Program*/
       int u2c

       while(1)
       {
            u2c = inp(u2portc) ;
            if(!(u2c & 0x01) ) //U2 포트의 BIT0의 데이터 검출
                   printf("Enough Light  \r");
          else
                   printf("Not Enough Light  \r");
       }
}
```

# 7-4 적외선차단 고급실험

## 1. 실험 명칭

적외선차단 고급실험

## 2. 실험 목적

적외선과 마이크로 컴퓨터 시스템을 연결하여 적외선을 차단하고 측정하는 방법을 알아본다.

## 3. 실험 순서

① Interface card를 설치순서에 따라 퍼스널 컴퓨터에 설치한다.

② 34 Pin Cable로 Interface card의 Chl과 장비(9)의 CN27 ; Interface card의 CN2와 장비(9)의 CN27 ; Interface Card의 DN2와 장비(9)의 CD28을 각각 결선한다.

③ 연선으로 SB-047와 전자센서랩의 CN23(11) 및 SB-O4R과 CN24를 연결한다.

④ CN25를 ON으로 설정하고 SB-047와 SB-O4R을 마주보게 적당한 위치에 놓는다(LED22가 켜지는 위치).

⑤ 하드보드지나 빛을 차단할 수 있는 물체로 SB-047와 SB-O4R간을 가리면서 이 때 컴퓨터 모니터의 AN, 4LOG GRAPH 및 적외선 차단의 IRR LED를 관찰한다.

INTERFACE : 송수신 간의 거리와 매우 짧으므로 거리를 좁혀줘야 한다. 약 1.5㎝

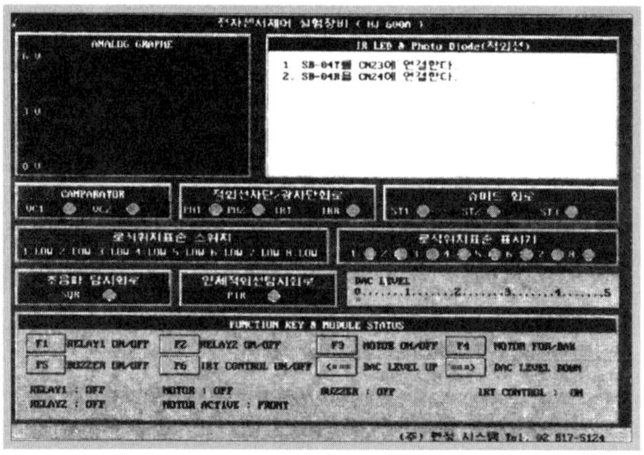

### 실험 결과

출력 전압은 5V이고 적외선차단/광차단 회로의 BRP LED가 ON이 되었다.

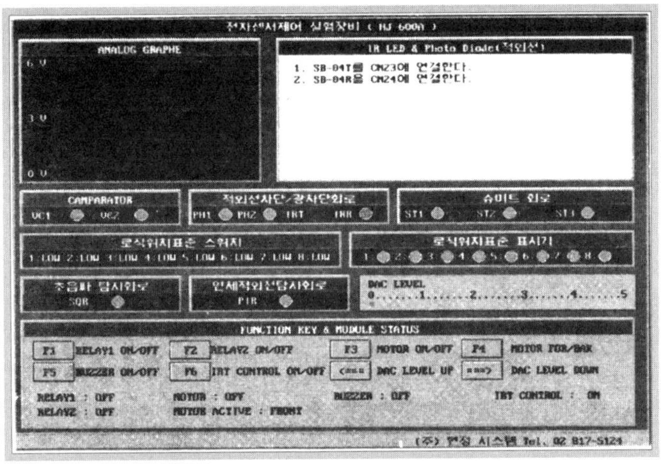

## 4. C PROGRAM

```
#include <stdio.h>
#include <conio.h>

void main(void)
{
        /* Preprocessing* /
        unsigned short u1porta = 0x3e0 ;
        unsigned short u1portb = 0x3e1 ;
        unsigned short u1portc = 0x3e2 ;
        unsigned short u1ct1 = 0x3e3 ;
        int u1mode = 0x80 ;
        unsigned short u2porta = (char) 0x3e4 ;
        unsigned short u2portb = (char) 0x3e5 ;
        unsigned short u2portc = (char) 0x3e6 ;
        unsigned short u2ct1 = 0x3e7 ;
        int u2mode = 0x9b ;

        outp (u1ct1, u1mode) ;
        outp (u1porta, 0xff) ;
```

```
        outp (u1portb, 0xff) ;
        outp (u1portc, 0x0) ;
        outp (u2ct1, u2mode) ;

        clrscr( )
printf("*****************************************************\n");
printf("*                                                   *\n");
printf("* 센서 고급실험                                     *\n");
printf("*                                                   *\n");
printf("* 실험 명칭 : 적외선 차단 실험                      *\n");
printf("*                                                   *\n");
printf("* 파일이름 : HJ600A_4.CPP                           *\n");
printf("*                                                   *\n");
printf("* 실험방법                                          *\n");
Printf("*                                                   *\n");
printf("* 1.34pin으로 인터페이스 카드 CN1과 장비 CN27을 연결 *\n");
printf("*                                                   *\n");
printf("* 2.34pin으로 인터페이스 카드 CN2과 장비 CN28을 연결 *\n");
printf("*                                                   *\n");
printf("* 3.연선으로 SB-04T와 장비 CN23을 연결              *\n");
printf("*                                                   *\n");
printf("* 4.연선으로 SB-04R와 장비 CN24을 연결              *\n");
printf("*                                                   *\n");
printf("*****************************************************\n");
printf("\n");
printf("\n");

        /*Main Program*/
        int u2c, u2b, u2c;

        while(1)
        {       u2c = inp(u2portb) ;
                 if(u2b & 0x01) ) = 0)//U2 포트B의 BIT0의 데이터 검출
                        printf("Status : Abnormal!\r");
                 else

                        printf("Status : Normal!\r");

        }
}
```

# 7-5 알코올측정기 고급실험

## 1. 실험 명칭

알코올측정기 고급실험

## 2. 실험 목적

알코올측정기와 마이크로 컴퓨터 시스템을 연결하여 알코올농도를 측정하는 방법을 알아본다.

## 3. 실험 순서

① Inter Face Card를 설치순서에 따라 퍼스널 컴퓨터에 설치한다.

② 34 Pin Cable로 InterFace card의 C빈과 장비(9)의 CN27 : Interface card의 CN2와 장비의 CN28을 각각 결선한다.

③ 연선으로 SB-06과 전자센서랩의 CN14(12)를 연결한다.

④ VR를 조정하여 측정하려는 알코올농도를 설정한다.

⑤ 일코올 소량을 플리스틱 용기에 넣는다.

⑥ 플라스틱 용기를 가볍게 눌러서 용기 내의 알코올 휘발기체가 관을 따라 알코올 측정기로 분사되도록 힌다.

[주의] 알코올 액체가 알코올측정기에 묻지 않도록 할 것!

### INTERFACE

UR9를 조정하여 기준 전압을 3V로 설정하였다. ANALOG GRAPH 및 COMPARATOR의 VC1 LED를 관찰한다.

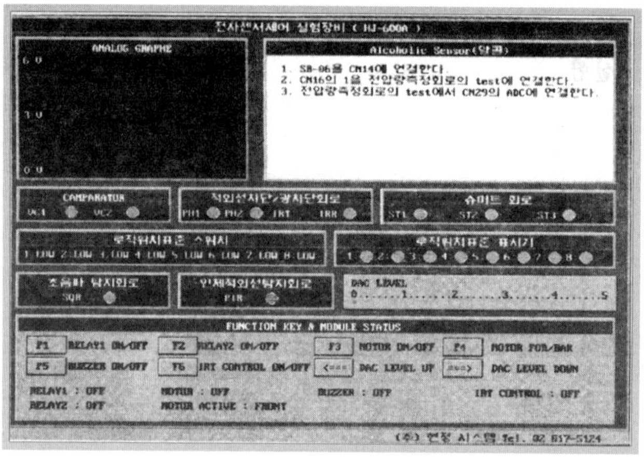


그림 7-5-1

### 실험 결과

45% 알코올 주류를 사용하였을 때 4V의 출력 전압이 생겼다. 출력전압은 저항값에 따라서 바뀌어질 수 있다.

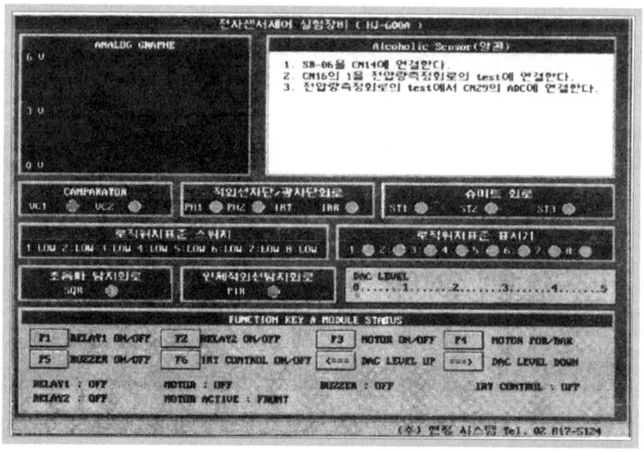


그림 7-5-2

## 4. C PROGRAM

```
#include <stdio.h>
#include <conio.h>
```

```
void main(void)
{       /*Preprocessing*/
        unsigned short u1porta = 0x3e0 ;
        unsigned short u1portb = 0x3e1 ;
        unsigned short u1portc = 0x3e2 ;
        unsigned short u1ct1 = 0x3e3 ;
        int u1mode = 0x80 ;
        unsigned short u2porta = (char) 0x3e4 ;
        unsigned short u2portb = (char) 0x3e5 ;
        unsigned short u2portc = (char) 0x3e6 ;
        unsigned short u2ct1 = 0x3e7 ;
        int u2mode = 0x9b ;

        outp (u1ct1, u1mode) ;
        outp (u1porta, 0xff) ;
        outp (u1portb, 0xff) ;
        outp (u1portc, 0x0) ;
        outp (u2ct1, u2mode) ;

        clrscr( )

printf("*******************************************************\n");
printf("*                                                     *\n");
printf("* 센서 고급실험                                       *\n");
printf("*                                                     *\n");
printf("* 실험 명칭 : 알코올 측정 실험                        *\n");
printf("*                                                     *\n");
printf("* 파일이름 : HJ600A_5.CPP                             *\n");
printf("*                                                     *\n");
printf("* 실험방법                                            *\n");
Printf("*                                                     *\n");
printf("* 1.34pin으로 인터페이스 카드 CN2와 장비 CN28을 연결  *\n");
printf("*                                                     *\n");
printf("* 2.연선으로 SB-06과 장비 CN14를 연결                 *\n");
printf("*                                                     *\n");
printf("*******************************************************\n");
printf("\*      n");
printf("\*      n");
        /*Main Program*/
```

```
        int u2c;

        while(1)
        {
                u2c = inp(u2portb) ;
                if(u2b & 0x01) ) //U2 포트C의 BIT0의 데이터 검출
                {
                        printf("Status : Extremely High \r");
                        outp(u1porta, 0xef) ;
                }
                else
                {
                        printf("Status : Normal \r");
                        outp(u1porta, 0xff) ;
                }
        }
}
```

## 7-6 가스측정기 고급실험

### 1. 실험 명칭

가스측정기 고급실험

### 2. 실험 목적

가스측정기와 마이크로 컴퓨터 시스템을 연결하여 가스누출 측정하는 안전시스템을 만드는 방법을 알아본다.

### 3. 실험 순서

① Interface card를 설치순서에 따라 퍼스널 컴퓨터에 설치한다.

② 34 Pin Cable로 Interface card의 C틴과 장비(9)의 CN27 ; Interface card의 CN2와 장비의 C.)128을 각각 결선한다.

③ 연선으로 SB-07과 전자센서랩의 CN14(12)를 연결한다.

④ VR9를 조정하여 측정하려는 가스농도를 설정한다.

⑤ 라이터 스위치를 가볍게 눌러 약 1초 동안 라이터의 가스기체를 가스

[주의] 라이터를 켤 필요 없음!

## INTERFACE

VR9를 조정하여 기준 전압을 2V로 하였다. ANALOG GRAPH 및 COMPARATOR의 VCI LED를 관찰한다.

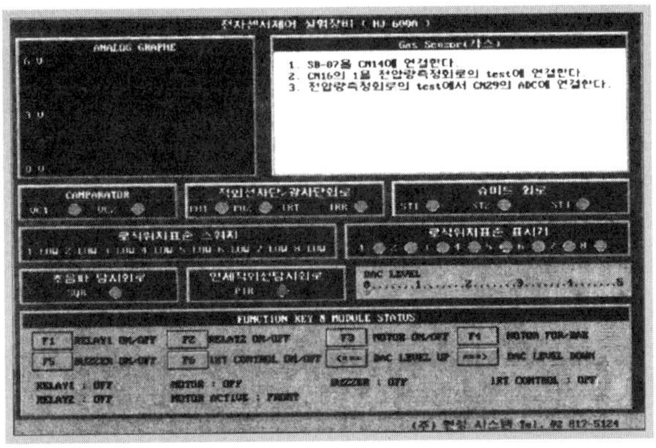

그림 7-6-1 Interface

## 실험 결과

일반 시중에서 판매하는 라이터를 사용하였을 때 4V의 출력 전압이 생겼다. 출력전압은 저항 값에 따라 바뀌어질 수 있다.

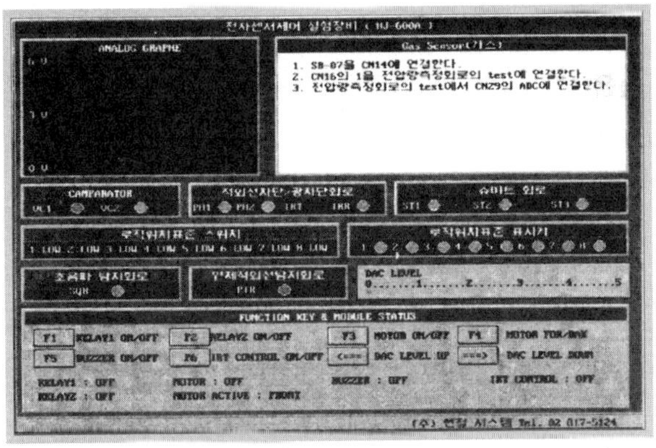

그림 7-6-2 실험 결과

## 4. C PROGRAM

```
#include <stdio.h>
#include <conio.h>

void main(void)
{
        /*Preprocessing*/
        unsigned short u1porta = 0x3e0 ;
        unsigned short u1portb = 0x3e1 ;
        unsigned short u1portc = 0x3e2 ;
        unsigned short u1ct1 = 0x3e3 ;
        int u1mode = 0x80 ;
        unsigned short u2porta = (char) 0x3e4 ;
        unsigned short u2portb = (char) 0x3e5 ;
        unsigned short u2portc = (char) 0x3e6 ;
        unsigned short u2ct1 = 0x3e7 ;
        int u2mode = 0x9b ;

        outp (u1ct1, u1mode) ;
        outp (u1porta, 0xff) ;
        outp (u1portb, 0xff) ;
        outp (u1portc, 0x0) ;
        outp (u2ct1, u2mode) ;

        clrscr( )

printf("*****************************************************\n");
printf("*                                                   *\n");
printf("* 센서 고급실험                                        *\n");
printf("*                                                   *\n");
printf("* 실험 명칭 : 가스 측정기 실험                            *\n");
printf("*                                                   *\n");
printf("* 파일이름 : HJ600A_6.CPP                             *\n");
printf("*                                                   *\n");
printf("* 실험방법                                            *\n");
Printf("*                                                   *\n");
printf("* 1.34pin으로 인터페이스 카드 CN2와 장비 CN28을 연결        *\n");
printf("*                                                   *\n");
printf("* 2.연선으로 SB-06과 장비 CN14를 연결                     *\n");
```

```
printf("\*                                                          *n");
printf("**********************************************************\n");
printf("\n");
printf("\n");
        /*Main Program*/
        int u2c;

        while(1)
        {
                u2c = inp(u2portb) ;
                if(u2b & 0x01) ) //U2 포트C의 BIT0의 데이터 검출
                        printf(" Status : Extremely High \r");
                else
                        printf(" Status : Normal \r");
        }
{
```

## 7-7 온도스위치(Bimetal) 고급실험

### 1. 실험 명칭

온도스위치(Bimetal) 고급실험

### 2. 실험 목적

온도스위치와 마이크 컴퓨터 시스템을 연결하여 과열 정전 보호하는 방법을 알아본다.

### 3. 실험 순서

① Interface card를 설치순서에 따라 퍼스널 컴퓨터에 설치한다.

② 34 Pin Cable로 Interface card의 CNI과 장비의 ch27 Interface card의 CN2와 장비의 CN28을 각각 결선한다.

③ 연선으로 SB-08과 전자센서램의 chl17(11)을 연결한다.

④ SB-08을 열원 위에 올려놓는다. 열원이 없을 때 전기인두로 대체 가능하다. 전기 인

두의 필라멘트 부분을 SB-08의 온도스위치에 접촉시킨다. 온도가 65°를 초과할 때 컴퓨터 모니터의 ANALOG GRAPH 및 슈미트회로의 ST1 LED 및 장비의 RELAY 1 이 시동하는 지를 관찰한다.

### ◉ INTERFACE

ANALOG GRAPH 및 슈미트회로의 ST1 LED가 ON으로 되어 있는지를 살펴본다. BIMETAL 스위치는 접점이 평상시 ON으로 되어 있다.

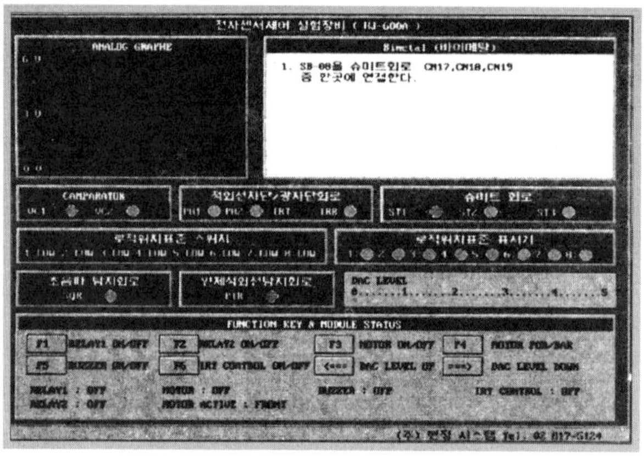


그림 7-7-1 INTERFACE

### ◉ 실험 결과

ST1의 LED가 OFF되었는지를 본다. 외부의 가열 방법으로는 끓는 물에서도 정상적인 동작을 한다.

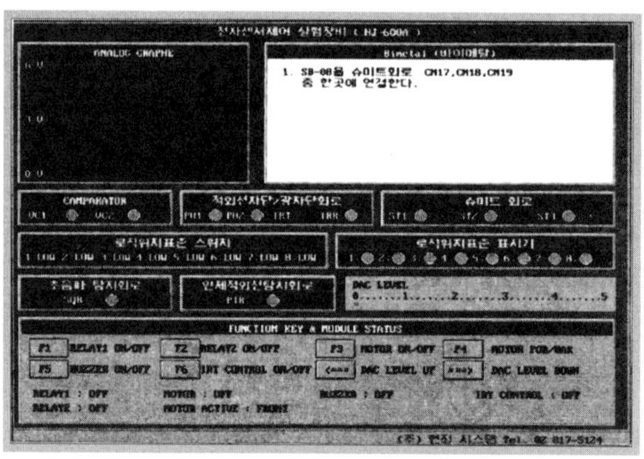


그림 7-7-2 실험 결과

## 4. C PROGRAM

```
#include <stdio.h>
#include <conio.h>

void main(void)
{
        /*Preprocessing*/
        unsigned short u1porta = 0x3e0 ;
        unsigned short u1portb = 0x3e1 ;
        unsigned short u1portc = 0x3e2 ;
        unsigned short u1ctl = 0x3e3 ;
        int u1mode = 0x80 ;
        unsigned short u2porta = (char) 0x3e4 ;
        unsigned short u2portb = (char) 0x3e5 ;
        unsigned short u2portc = (char) 0x3e6 ;
        unsigned short u2ctl = 0x3e7 ;
        int u2mode = 0x9b ;

        outp (u1ctl, u1mode) ;
        outp (u1porta, 0xff) ;
        outp (u1portb, 0xff) ;
        outp (u1portc, 0x0) ;
        outp (u2ctl, u2mode) ;

        clrscr( )

printf("*****************************************************\n");
printf("*                                                   *\n");
printf("* 센서 고급실험                                      *\n");
printf("*                                                   *\n");
printf("* 실험 명칭 : 가스 측정기 실험                        *\n");
printf("*                                                   *\n");
printf("* 파일이름 : HJ600_7.CPP                             *\n");
printf("*                                                   *\n");
printf("* 실험방법                                           *\n");
Printf("*                                                   *\n");
printf("* 1.34pin으로 인터페이스 카드 CN1와 장비 CN27을 연결   *\n");
printf("*                                                   *\n");
```

```
printf("* 2.34pin으로 인터페이스 카드 CN2와 장비 CN28을 연결            *\n");
printf("*                                                               *\n");
printf("* 3.연선으로 SB-08과 장비 CN17를 연결                            *\n");
printf("*                                                               *\n");
printf("*****************************************************************\n");
printf("\n");
printf("\n");
        /*Main Program*/
        int u2c;

        for(;;)
        {       u2c = inp(u2portb) ;
                if(u2c & 0x04) ) = 0)//U2 포트C의 BIT2의 데이터 검출
                {       printf("Status : over 70 degrees \r");
                        outp(u1porta, 0xfb) ;
                }
                else
                {       printf("Status : Normal          \r");
                        outp(u1porta, 0xff) ;
                }
        }
}
```

## 7-8 수은스위치 고급실험

### 1. 실험 명칭

수은스위치 고급실험

### 2. 실험 목적

수은스위치와 마이크로 컴퓨터 시스템을 연결하여 물체의 경사를 측정하는 방법을 알아본다.

## 3. 실험 순서

① Interface card를 설치순서에 따라 퍼스널 컴퓨터에 설치한다.

② 34Pin Cable로 Interface card의 CNI과 장비의 CN27 ; Interface card의 CN2와 장비의 CN28을 각각 결선한다.

④ SB-10을 경사지게 하더라도, 수은이 접점과 접촉하지 않도록 하고 이때 컴퓨터 모니터에 LED가 켜지는 지의 여부를 관찰한다.

### INTERFACE

ANNALOG GRAPH 및 슈미트회로의 ST1 LED가 OFF로 되어있는지를 살표본다.

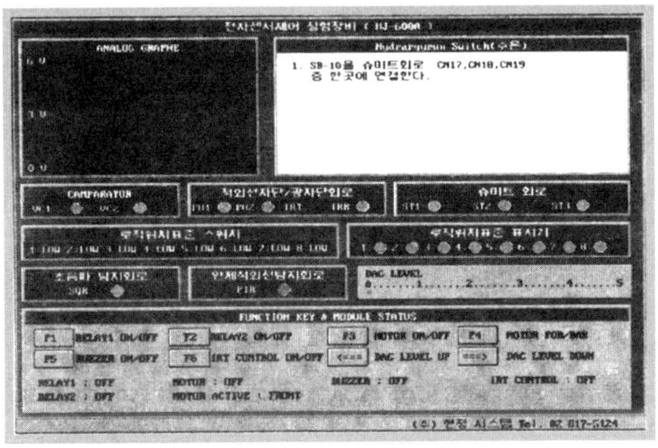

그림 7-8-1 INTERFACE

### 실험 결과

DC5V의 전압을 흘리고 슈미트 회로의 LED는 ON이 된다.

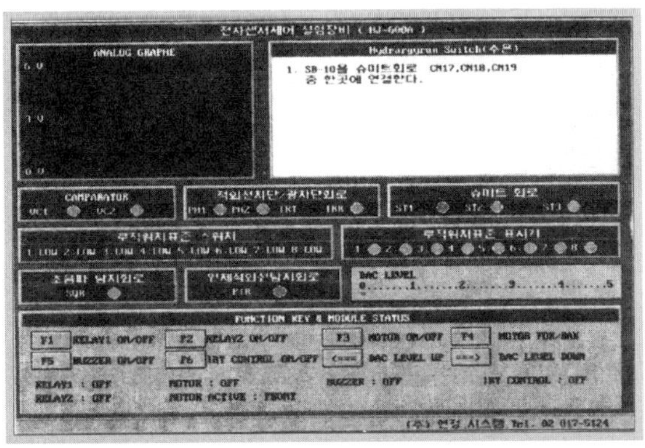

그림 7-8-2 실험 결과

## 4. C PROGRAM

```
#include <stdio.h>
#include <conio.h>

void main(void)
{
        /*Preprocessing*/
        unsigned short u1porta = 0x3e0 ;
        unsigned short u1portb = 0x3e1 ;
        unsigned short u1portc = 0x3e2 ;
        unsigned short u1ctl = 0x3e3 ;
        int u1mode = 0x80 ;
        unsigned short u2porta = (char) 0x3e4 ;
        unsigned short u2portb = (char) 0x3e5 ;
        unsigned short u2portc = (char) 0x3e6 ;
        unsigned short u2ctl = 0x3e7 ;
        int u2mode = 0x9b ;

        outp (u1ctl, u1mode) ;
        outp (u1porta, 0xff) ;
        outp (u1portb, 0xff) ;
        outp (u1portc, 0x0) ;
        outp (u2ctl, u2mode) ;

        clrscr( )

printf("*******************************************************\n");
printf("*                                                     *\n");
printf("* 센서 고급실험                                       *\n");
printf("*                                                     *\n");
printf("* 실험 명칭 : 수은 스위치 실험                        *\n");
printf("*                                                     *\n");
printf("* 파일이름 : HJ600A_8.CPP                             *\n");
printf("*                                                     *\n");
printf("* 실험방법                                            *\n");
printf("* 1.34pin으로 인터페이스 카드 CN1와 장비 CN27을 연결  *\n");
printf("*                                                     *\n");
printf("* 2.34pin으로 인터페이스 카드 CN2와 장비 CN28을 연결  *\n");
```

```
printf("*                                                  *\n");
printf("* 3.연선으로 SB-10과 장비 CN17를 연결                *\n");
printf("****************************************************\n");
printf("\n");
printf("\n");
        /*Main Program*/
        int u2c;

        while(1)
        {       u2c = inp(u2portc) ;
                if(u2c & 0x04) ) //U2 포트C의 BIT2의 데이터 검출
                {       printf("Status : Abnormal \r");
                        outp(u1portc, 0x00) ;
                }
                else
                {       printf("Status : Normal \r");
                        outp(u1portc, 0xff) ;
                }
        }
}
* SCAN0019.PCX *
```

## 7-9 자기스위치 고급실험

### 1. 실험 명칭

자기스위치 고급실험

### 2. 실험 목적

자기스위치와 마이크로 컴퓨터 시스템을 연결하여 자성 물체 접근을 측정하는 방법을 알아본다.

## 3. 실험 순서

① Interface card를 설치순서에 따라 퍼스널 컴퓨터에 설치한다.

② 34Pin Cable로 Interface card의 CNI과 장비의 CN27; Interface card의 CN2와 장비의 CN28을 각각 결선한다.

③ 연선으로 SB-11과 전자센서랩의 Ch17(11)을 연결한다.

④ 자석을 SB-11의 자기 스위치에 접근시키고 이 때 ANNALOG GRAPH 및 슈미트회로의 ST1 LED를 관찰한다.

⑤ 자석을 SB-11의 자기 스위치에서 멀리하고 이때 ANNALOG GRAPH 및 슈미트회로의 ST1 LED를 관찰한다.

### INTERFACE

ANNALOG GRAPH 및 슈미트회로의 ST1 LED가 OFF/ON 되어 있는지를 확인한다.

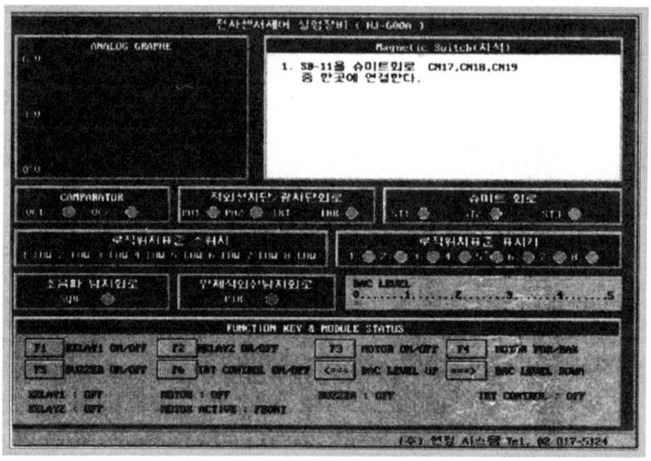


그림 7-9-1 INTERFACE

### 실험 결과

ST1의 LED가 ON/OFF된다.

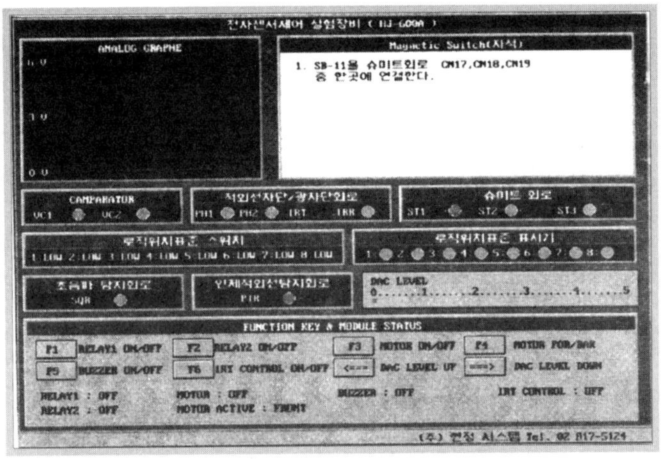


그림 7-9-2

## 4. C PROGRAM

```
#include <stdio.h>
#include <conio.h>

void main(void)
{
        /*Preprocessing*/
        unsigned short u1porta = 0x3e0 ;
        unsigned short u1portb = 0x3e1 ;
        unsigned short u1portc = 0x3e2 ;
        unsigned short u1ct1 = 0x3e3 ;
        int u1mode = 0x80 ;
        unsigned short u2porta = (char) 0x3e4 ;
        unsigned short u2portb = (char) 0x3e5 ;
        unsigned short u2portc = (char) 0x3e6 ;
        unsigned short u2ct1 = 0x3e7 ;
        int u2mode = 0x9b ;

        outp (u1ct1, u1mode) ;
        outp (u1porta, 0xff) ;
        outp (u1portb, 0xff) ;
        outp (u1portc, 0x0) ;
        outp (u2ct1, u2mode) ;
```

```
        clrscr( )

printf("***********************************************************\n");
printf("*                                                         *\n");
printf("* 센서 고급실험                                             *\n");
printf("*                                                         *\n");
printf("* 실험 명칭 : 자기 스위치 실험                               *\n");
printf("**                                                        *\n");
printf("* 파일이름 : HJ600A_9.CPP                                  *\n");
printf("*                                                         *\n");
printf("* 실험방법                                                 *\n");
printf("*                                                         *\n");
printf("* 1.34pin으로 인터페이스 카드 CN1와 장비 CN27을 연결          *\n");
printf("*                                                         *\n");
printf("* 2.34pin으로 인터페이스 카드 CN2와 장비 CN28을 연결          *\n");
printf("*                                                         *\n");
printf("* 3.연선으로 SB-11과 장비 CN17를 연결                        *\n");
printf("\n");
printf("\n");
        /*Main Program*/
        int u2c;

        for(; ;)
        {       u2c = inp(u2portc) ;
                if(!(u2c & 0x04) ) //U2 포트C의 BIT2의 데이터 검출
                {       printf("Status : off   \r");
                        outp(u1portc, 0xef) ;
                }
                else
                {       printf("Status : Normal \r");
                        outp(u1portc, 0xff) ;
                }
        }
}

* SCAN0022.PCX *
* SCAN0023.PCX *
```

## 7-10 초음파센서 고급실험

### 1. 실험명령

초음파센서 고급실험

### 2. 실험 목적

초음파센서와 마이크로 컴퓨터 시스템을 연결하여 물체 이동을 측정하는 방법을 알아본다.

### 3. 실험 순서

① Interface card를 설치순서에 따라 퍼스널 컴퓨터에 설치한다.

② 34Pin Cable로 Interface card의 CNI과 장비의 CN27; Interface card의 CN2와 장비의 CN28을 각각 결선한다.

③ 연선으로 SB-13과 전선센서랩의 CN20(13)을 연결한다.

④ 오실로스코프(주파수 계산기)로 U17 Pin 11을 검사하고 VRLL을 조정하여 주파수가 40㎑가 되게 한다.

⑤ VR10을 조정하여 감지도가 가장 좋게(즉, LED18이 ON의 위치에 가장 접근하도록) 한다.

⑥ 손이나 물체로 멀리에서부터 SB-13을 가로막고 컴퓨터 모니터를 관찰한다.

◎ INTERFACE

초음파 회로는 주위의 영향을 받을 수 있는 경향이 많으므로 사용할 때 주의가 필요하다.

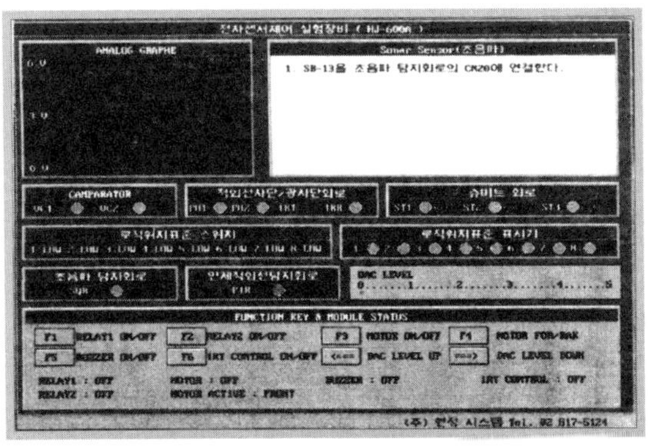

그림 7-11-1 INTERFACE

### 실험 결과

파장이 장애물을 만나 되돌아올 때의 출력이다. * SCAN0024.PCX *

## 4. C PROGRAM

```
#include <stdio.h>
#include <conio.h>

void main(void)
{       /*Preprocessing*/
        unsigned short u1porta = 0x3e0 ;
        unsigned short u1portb = 0x3e1 ;
        unsigned short u1portc = 0x3e2 ;
        unsigned short u1ct1 = 0x3e3 ;
        int u1mode = 0x80 ;
        unsigned short u2porta = (char) 0x3e4 ;
        unsigned short u2portb = (char) 0x3e5 ;
        unsigned short u2portc = (char) 0x3e6 ;
        unsigned short u2ct1 = 0x3e7 ;
        int u2mode = 0x9b ;

        outp (u1ct1, u1mode) ;
        outp (u1porta, 0xff) ;
        outp (u1portb, 0xff) ;
        outp (u1portc, 0x0) ;
        outp (u2ct1, u2mode) ;
        /* Display */

        clrscr( ) ;
printf("*********************************************************\n");
printf("*                                                       *\n");
printf("* 센서 고급실험                                          *\n");
printf("*                                                       *\n");
printf("* 실험 명칭 : 초음파 센서 실험                            *\n");
printf("*                                                       *\n");
printf("* 파일이름 : HJ600A_11.CPP                               *\n");
printf("*                                                       *\n");
printf("* 실험방법                                               *\n");
```

```
printf("* 1.34pin으로 인터페이스 카드 CN1와 장비 CN27을 연결            *\n");
printf("*                                                              *\n");
printf("* 2.34pin으로 인터페이스 카드 CN2와 장비 CN28을 연결            *\n");
printf("*                                                              *\n");
printf("* 3.연선으로 SB-13과 장비 CN20을 연결                           *\n");
printf("*                                                              *\n");
printf("****************************************************************\n");
printf("\n");
printf("\n");
        /*Main Program*/
        int u2c;
        while(1)
        {       int u2c;
        {       u2c = inp(u2portc) ;
                if(u2c & 0x10) ) = 0)//U2 포트C의 BIT4의 데이터 검출
                {       printf("Status :Moving Object Approach \r");
                        outp(u1portc, 0xef) ;
                }
                else
                {       printf("Status : Normal        \r");
                        outp(u1portc, 0xff) ;
                }
        }
}
* SCAN0025.PCX *
```

## 7-11 마이크로(LIMITE)스위치 고급실험

### 1. 실험 명칭

마이크로(LIMITE)스위치 고급실험

### 2. 실험 목적

마이크로스위치와 마이크로 컴퓨터 시스템을 연결하여 물체 접근을 측정하는 방법을 알아본다.

## 3. 실험 순서

① Interface card를 설치순서에 따라 퍼스널 컴퓨터에 설치한다.

② 34Pin Cable로 Interface card의 CNI과 장비의 CN27; Interface card의 CN2와 장비의 CN28을 각각 결선한다.

③ 연선으로 SB-09와 전자센서랩의 CN17(11)을 연결한다.

④ 모니터 상에 OFF가 뜨는지의 여부를 관찰한다.

⑤ 손으로 SB-09 위의 극한 스위치를 가볍게 누르고 모니터 상에 ON이 뜨는지의 여부를 관찰한다.

### INTERFACE

ANNALOG GRAPH 및 슈미트회로의 ST1 LED를 관찰한다. ST1 LED가 OFF되어 있는지를 살펴본다.

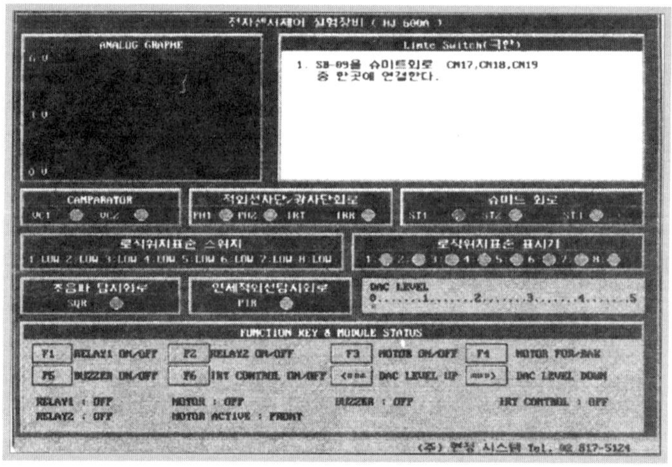


그림 7-12-1 INTERFACE

### 실험 결과

접점이 이루어지면서 ST1 LED가 ON된다.

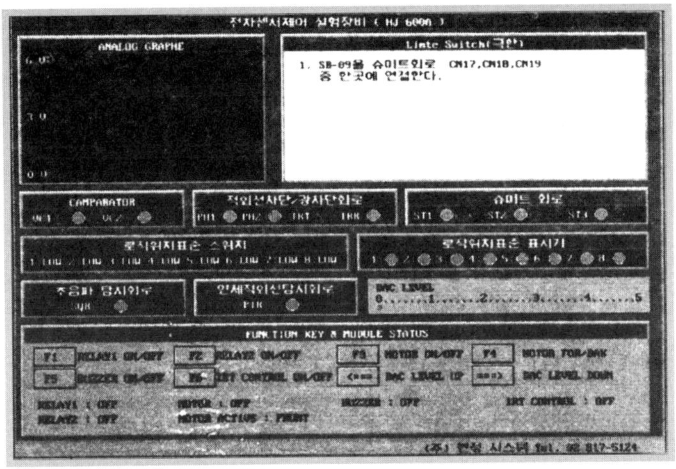


그림 7-12-2

## 4. C PROGRAM

```
#include <stdio.h>
#include <conio.h>

void main(void)
{         /* Preprocessing* /
        unsigned short u1porta = 0x3e0 ;
        unsigned short u1portb = 0x3e1 ;
        unsigned short u1portc = 0x3e2 ;
        unsigned short u1ct1 = 0x3e3 ;
        int u1mode = 0x80 ;
        unsigned short u2porta = (char) 0x3e4 ;
        unsigned short u2portb = (char) 0x3e5 ;
        unsigned short u2portc = (char) 0x3e6 ;
        unsigned short u2ct1 = 0x3e7 ;
        int u2mode = 0x9b ;

        outp (u1ct1, u1mode) ;
        outp (u1porta, 0xff) ;
        outp (u1portb, 0xff) ;
        outp (u1portc, 0x0) ;
        outp (u2ct1, u2mode) ;
```

```
        clrscr( )

printf("*****************************************************\n");
printf("*                                                   *\n");
printf("* 센서 고급실험                                      *\n");
printf("*                                                   *\n");
printf("* 실험 명칭 : 극한 스위치 실험                        *\n");
printf("*                                                   *\n");
printf("* 파일이름 : HJ600A_12.CPP                           *\n");
printf("*                                                   *\n");
printf("* 실험방법 :                                         *\n");
printf("*                                                   *\n");
printf("* 1.34pin으로 인터페이스 카드 CN1과 장비의 CN27을 연결  *\n");
printf("*                                                   *\n");
printf("* 2.34pin으로 인터페이스 카드 CN2와 장비의 CN28을 연결  *\n");
printf("*                                                   *\n");
printf("* 3.연선으로 SB-14와 주기계 CN17을 연결               *\n");
printf("*                                                   *\n");
printf("*****************************************************\n");
printf("\n");
printf("\n");
        /*Main Program*/
        unsignde char count = 0x00
        int u2c;

        while(1)
        {       u2c = inp(u2portc) ;
                if(u2c & 0x04) ) = 0) //U2 포트C의 BIT2의 데이터 검출
                {       printf("Status : Limite Switch-on \r");
                        outp(u1portc, count) ;
                }
                else
                {       printf("Status : Limite Switch-off \r");
                        outp(u1portc, 0xff) ;
                }
        }
}
* SCAN0027.PCX *
```

# 7-12 압력센서 고급실험

## 1. 실험 명칭

압력센서 고급실허

## 2. 실험 목적

압력센서와 마이크로 컴퓨터 시스템을 연결하여 기압계를 만드는 방법을 알아본다.

## 3. 실험 순서

① Interface card를 설치순서에 따라 퍼스널 컴퓨터에 설치한다.
② 34Pin Cable로 Interface card의 CNI과 장비의 CN27; Interface card의 CN2와 장비의 CN28을 각각 결선한다.
③ 연선으로 SB-15와 전자센서랩의 CN13(7)을 연결한다.
④ CN36을 PRESS에 설정한다.
⑤ 주사기 2개를 압력센서에 각각 연결한다.
⑥ 주사기를 가볍게 눌러 압력 센서의 P1에 압력(기압)을 가한다. 나머지 한 개의 주사기도 서서히 눌러 주어 서로 같아지도록 한다. 컴퓨터 모니터 상에 나타나는 기압 수치가 변하는지 관찰한다.

### INTERFACE 및 실험 결과

양쪽의 압력차가 같아지면 출력 전압은 처음 상태를 유지하고 있을 것이다. 이 중에서 어떤 한 개의 주사기의 압력에 변화가 생기면 차이를 ANNALOG GRAPH에서 볼 수 있을 것이다.

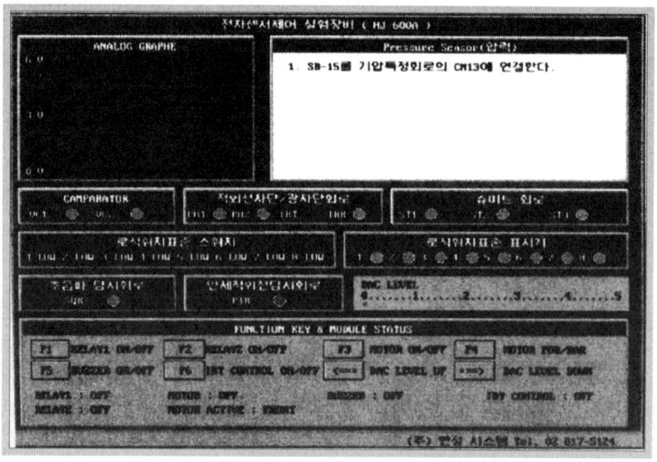

그림 7-13-1 INTERFACE

## 4. C PROGRAM

```
#include <stdio.h>
#include <conio.h>

void main(void)
{       /*Preprocessing*/
        unsigned short u1porta = 0x3e0 ;
        unsigned short u1portb = 0x3e1 ;
        unsigned short u1portc = 0x3e2 ;
        unsigned short u1ctl = 0x3e3 ;
        int u1mode = 0x80 ;
        unsigned short u2porta = (char) 0x3e4 ;
        unsigned short u2portb = (char) 0x3e5 ;
        unsigned short u2portc = (char) 0x3e6 ;
        unsigned short u2ctl = 0x3e7 ;
        unsigned short u3porta = (char) 0x3e8 ;
        unsigned short u3portb = (char) 0x3e9 ;
        unsigned short u3portc = (char) 0x3ea ;
        int u3mode = 0x9b ;

        outp (u1ctl, u1mode) ;
        outp (u1porta, 0xff) ;
        outp (u1portb, 0xff) ;
```

```
        outp (u1portc, 0x0) ;
        outp (u2ct1, u2mode) ;

        clrscr( )

printf("*******************************************************\n");
printf("*                                                     *\n");
printf("* 센서 고급실험                                       *\n");
printf("*                                                     *\n");
printf("* 실험 명칭 : 압력 센서 실험                          *\n");
printf("*                                                     *\n");
printf("* 파일이름 : HJ600A_13.CPP                            *\n");
printf("*                                                     *\n");
printf("* 실험방법 :                                          *\n");
printf("* 1.34pin으로 인터페이스 카드 CN2와 주기계 CN28을 연결 *\n");
printf("*                                                     *\n");
printf("* 2.CN36을 PRESS에 설정할 것                          *\n");
printf("*                                                     *\n");
printf("* 3.연선으로 SB-15와 (7)의 CN13을 연결                *\n");
printf("*                                                     *\n");
printf("* 4.플라스틱 도관을 압력센서 SCCO5DN의 P1에 연결      *\n");
printf("*                                                     *\n");
printf("*******************************************************\n");
printf("\n");
printf("\n");
        /*Main Program*/
        printf("current kiap=/n");

        int adlb, adhb, ad;
        float V;
        while(1)
        {       adlb = inp(u1porta) ;
                adlb = inp(u1portb) ;
                ad = (adhb & 0xf) * 256 + adlb;
                v = ((5/4096)*ad)-1;
                printf("%f PSI\r,v);
        }
}
```

# 7-13 전류센서 고급실험

## 1. 실험 명칭

전류센서 고급실험

## 2. 실험 목적

전류센서와 마이크로 컴퓨터 시스템을 연결하여 전류 감지를 하는 방법을 알아본다.

## 3. 실험 순서

① Interface card를 설치순서에 따라 퍼스널 컴퓨터에 설치한다.
② 34Pin Cable로 Interface card의 CNI와 장비의 CN27; Interface card의 CN2와 장비의 CN28을 각각 결선한다.
③ 연선으로 SB-16과 전자센서랩의 DN11(6)을 연결한다.
④ ch36을 DC AMP, CN10을 1에 설정한다.
⑤ 부하를 측정하려는 전선을 전류센서의 측정공에 끼우고, 컴퓨터 모니터 상에 나타나는 전류 수치가 변하는 지의 여부를 관찰한다.

## 4. C PROGRAM

```
#include <stdio.h>
#include <conio.h>

void main(void)
{       /*Preprocessing*/
         unsigned short u1porta = 0x3e0 ;
         unsigned short u1portb = 0x3e1 ;
         unsigned short u1portc = 0x3e2 ;
         unsigned short u1ct1 = 0x3e3 ;
         int u1mode = 0x80 ;
         unsigned short u2porta = (char) 0x3e4 ;
```

```
        unsigned short u2portb = (char) 0x3e5 ;
        unsigned short u2portc = (char) 0x3e6 ;
        unsigned short u2ct1 = 0x3e7 ;
        int u2mode = 0x9b ;
        unsigned short u3porta = (char) 0x3e8 ;
        unsigned short u3portb = (char) 0x3e9 ;
        unsigned short u3portc = (char) 0x3ea ;
        unsigned short u3ct1 = 0x3eb ;
        int u3mode = 0x9b ;

        outp (u1ct1, u1mode) ;
        outp (u1porta, 0xff) ;
        outp (u1portb, 0xff) ;
        outp (u1portc, 0x0) ;
        outp (u2ct1, u2mode) ;
        outp (u3ct1, u3mode) ;

        clrscr( )

printf("*********************************************************\n");
printf("*                                                        *\n");
printf("* 센서 고급실험                                            *\n");
printf("*                                                        *\n");
printf("* 실험 명칭 : 전류 센서 실험(전류표)                          *\n");
printf("*                                                        *\n");
printf("* 파일이름 : HJ600A14.CPP                                  *\n");
printf("*                                                        *\n");
printf("* 실험방법 :                                               *\n");
printf("*                                                        *\n");
printf("* 1.34pin으로 인터페이스 카드 CN1와 장비 CN27을 연결           *\n");
printf("*                                                        *\n");
printf("* 2.CN36의 단락협을 DC AMP로 설정                            *\n");
printf("*                                                        *\n");
printf("* 3.연선으로 SB-16과 (6)의 CN11에 연결                       *\n");
printf("*                                                        *\n");
printf("* 4.측정하려는 전서을 전류센서의 측정공에 끼운다.               *\n");
printf("*                                                         \n");
printf("* 5.DC AMP 증폭배율을 AV=1로 설정한다.(CN10조정)               \n");
printf("*                                                         \n");
```

```
printf("*******************************************************\n");
printf("\n");
printf("\n");
        int u2c;
        for(; ;) {          int adlb, adhb, ad;
                        float V;
                        adlb = inp(u3porta) ;
                        adlb = inp(u3portb) ;
                        ad = (adhb & 0xf) * 256 + adlb;
                        v = (4./4096.)*(float)ad;
        if(v > 3.9)
                        {     printf("Over Range!     \r");
                        }
        if((adhb & 0x20) = \\U3 포트B의 BIT5의 데이터 검출
                Printf("Current :+%f     Stable!\r"V);
        else
                Printf("Current :-%f     Stable!\r"V);
        }
}
```

## 7-14 광차단기 고급실험

### 1. 실험 명칭

광차단기 고급실험

### 2. 실험 목적

광차단기와 마이크로 컴퓨터 시스템을 어떻게 연결하는지 알아본다.

### 3. 실험 순서

① Interface card를 설치순서에 따라 퍼스널 컴퓨터에 설치한다.

② 34Pin Cable로 Interface card의 CNI과 장비의 CN27; Interface card의 CN2와 장비의 CN28을 각각 결선한다.

③ 연선으로 SB-17과 전자센서랩의 CN22(14)를 연결한다.

④ 퍼스널 컴퓨터를 켜고 DOS의 QBASIC를 가동한다.

⑤ 하드보드지나 고아선을 차단할 수 있는 물체로 광차단기의 광선을 각각 차단한다 (즉, 하드보드지를 광차단기의 틈새에 끼운다.). 이때 컴퓨터 모니터상의 ANNALOG GRAPH 및 적외선 차단/광차단회로를 관찰한다.

### INTERFACE

PH1과 PH2의 LED가 ON이 되어 있는지를 본다.

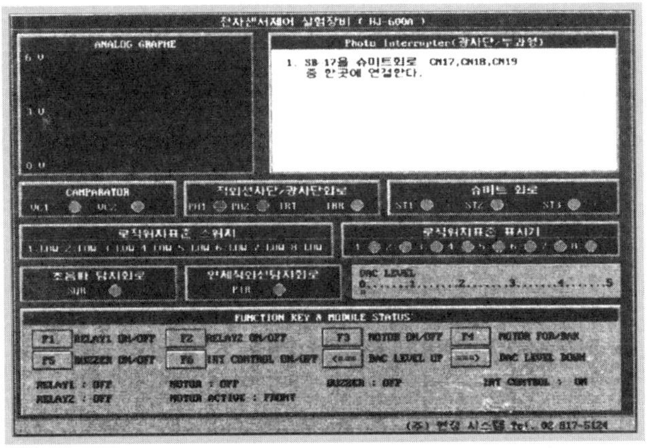

그림 7-15-1 Interface

### 실험 결과

입출력 부분을 가렸을 때 LED OFF가 된다.

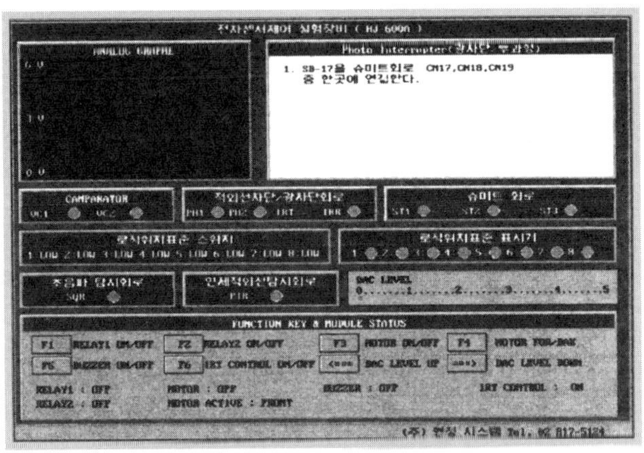

그림 7-15-2

## 4. C PROGRAM

```
#include <stdio.h>
#include <conio.h>

void main(void)
{       /*Preprocessing*/
        unsigned short u1porta = 0x3e0 ;
        unsigned short u1portb = 0x3e1 ;
        unsigned short u1portc = 0x3e2 ;
        unsigned short u1ctl = 0x3e3 ;
        int u1mode = 0x80 ;
        unsigned short u2porta = (char) 0x3e4 ;
        unsigned short u2portb = (char) 0x3e5 ;
        unsigned short u2portc = (char) 0x3e6 ;
        unsigned short u2ctl = 0x3e7 ;
        int u2mode = 0x9b ;

        outp (u1ctl, u1mode) ;
        outp (u1porta, 0xff) ;
        outp (u1portb, 0xff) ;
        outp (u1portc, 0x0) ;
        outp (u2ctl, u2mode) ;

        clrscr( )
printf("*****************************************************\n");
printf("*                                                   *\n");
printf("* 센서 고급실험                                     *\n");
printf("*                                                   *\n");
printf("* 실험 명칭 : 광차단기 실험                         *\n");
printf("*                                                   *\n");
printf("* 파일이름 : HJ600A15.CPP                           *\n");
printf("*                                                   *\n");
printf("* 실험방법 :                                        *\n");
printf("*                                                   *\n");
printf("* 1.34pin으로 인터페이스 카드 CN1과 장비의 CN27을 연결 *\n");
printf("*                                                   *\n");
printf("* 2.34pin으로 인터페이스 카드 CN2와 장비의 CN28을 연결 *\n");
```

```
printf("*                                                   *\n");
printf("* 3.연선으로 SB-17과 장비의 CN22를 연결             *\n");
printf("*                                                   *\n");
printf("*****************************************************\n");
printf("\n");
printf("\n");
        /*Main Program*/
        int u2c;
        int I;

        while(1)
        {       u2b = inp(u2portb);
                if((u2b & 0x02) = 0) //U2 포트B의 BIT1의 데이터 검출
                        printf("Limitter1-Status : ON");
                else
                        printf("Limitter1-Status : OFF");
                if((u2b & 4) = 0)
                        printf("Limitter2-Status : ON\r");
                else
                        printf("Limitter2-Status : OFF\r");
        }
}
```

## 7-15 직류모터제어 고급실험

### 1. 실험 명칭

직류모터제어 고급실험

### 2. 실험 목적

마이크로 컴퓨터 시스템으로 직류모터를 제어하는 방법을 알아본다.

## 3. 실험 순서

① Interface card를 설치순서에 따라 퍼스널 컴퓨터에 설치한다.

② 34Pin Cable로 Interface card의 CNI와 장비의 CN27; Interface card의 CN2와 장비의 CN28을 각각 결선한다.

③ CN35를 MOTOR에 설정한다.

④ 프로그램 실행 후에 키보드로 직류모터를 제어하면서 프로그램이 있는지 관찰한다. 키보드 제어 기능은 아래와 같다.

- BASIC
  Z : 가속
  X : 감속
  A : 정지/시동
  S : 정회전/반회전

- C++
  F3 : ON/OFF
  F4 : 정/역회전
  → ← : 가/감속

## 4. C PROGRAM

```
#include <stdio.h>
#include <conio.h>

void main(void)
{       /*Preprocessing*/
        unsigned short u1porta = 0x3e0 ;
        unsigned short u1portb = 0x3e1 ;
        unsigned short u1portc = 0x3e2 ;
        unsigned short u1ct1 = 0x3e3 ;
        int u1mode = 0x80 ;
        unsigned short u2porta = (char) 0x3e4 ;
        unsigned short u2portb = (char) 0x3e5 ;
        unsigned short u2portc = (char) 0x3e6 ;
        unsigned short u2ct1 = 0x3e7 ;
        int u2mode = 0x9b ;
        int 1bdac = 0x3ec ;
```

```
        int hbdac = 0x3ee ;

        outp (u1ct1, u1mode) ;
        outp (u1porta, 0xff) ;
        outp (u1portb, 0xff) ;
        outp (u1portc, 0x0) ;
        outp (u2ct1, u2mode) ;

        clrscr( )
printf("*******************************************************\n");
printf("*                                                     *\n");
printf("* 센서 고급실험                                         *\n");
printf("*                                                     *\n");
printf("* 실험 명칭 : 직류모터 제어 실험                          *\n");
printf("*                                                     *\n");
printf("* 파일이름 : HJ600A18.CPP                               *\n");
printf("*                                                     *\n");
printf("* 실험방법 :                                            *\n");
printf("*                                                     *\n");
printf("* 1.34pin으로 인터페이스 카드 CN1과 장비의 CN28을 연결      *\n");
printf("*                                                     *\n");
printf("* 2.키보드로 제어                                        *\n");
printf("*                                                     *\n");
printf("* 3.Z : 가속         X : 감속                           *\n");
printf("*                                                     *\n");
printf("* A : 정지/시동      S : 정회전/반회전                    *\n");
printf("*                                                     *\n");
printf("*******************************************************\n");
printf("\n\n");
        int u2c;
        int v0 = 0
        int mct 1 = 0xFF;
        char str ;
        for(; ;)
        {       if(kbhit( ) )
                {       str = getch( ) ;

                        switch(str)
                        {       case 'a' ;
```

```
                        case 'A' ;
                                mct1 = mct1 ^0x2 ;
                                break ;
                        case 's' ;
                        case 'S' ;
                                mct1 = mct1 ^ 0x1 ;
                                break ;
                        case 'z' ;
                        case 'Z' ;
                                v0 = v0 - 1
                                break ;
                }
                if(v0 = 16)
                        v0 = 15 ;
                if(v0 = -1)
                        v0 = 0 ;
                outp(u1porta, mct1);
                outp(hbdac, v0);

                if((mct1 & 0x2) = 0)
                        printf("      모터 시동")
                else if( (mct1 & 0x2) = 0x2
                        printf("      모터 정지")

                if( (mct1 & 0x1) = 0)
                        printf("      모터 정회전 속도 = %d\r", v0) ;
                else if( (mct1 & 0x1) = 0x1
                        printf("      모터 반회전 속도 = %d\r", v0) ;
        }
}
```

## 7-16 인체적오선 센서 고급실험

### 1. 실험 명칭

인체적오선 센서 고급실험

## 2. 실험 목적

인체적외선 센서와 마이크로 컴퓨터 시스템을 연결하여 인체이동을 측정하는 방법을 알아본다.

## 3. 실험 순서

① Interface card를 설치순서에 따라 퍼스널 컴퓨터에 설치한다.
② 34Pin Cable로 Interface card의 CNI와 장비의 CN27; Interface card의 CN2와 장비의 CN28을 각각 결선한다.
③ 연선으로 SB-14와 전자센서랜의 CN26을 연결한다.
④ VR12를 조정하여 가장 좋은 감도를 얻게 한다(LED23이 ON의 위치에 가장 접근하도록 한다.).
⑤ 손으로 SB-14전방에서 dhlsWHr에서 오른쪽으로 휘두른다. 컴퓨터 모니터를 관찰한다.

### INTERFACE

ANNALOG GRAPH 및 인체적외탐지회로의 PIR LED를 관찰한다.

## 4. C PROGRAM

```
#include <stdio.h>
#include <conio.h>

void main(void)
{       /*Preprocessing*/
        unsigned short u1porta = 0x3e0 ;
        unsigned short u1portb = 0x3e1 ;
        unsigned short u1portc = 0x3e2 ;
        unsigned short u1ct1 = 0x3e3 ;
        int u1mode = 0x80 ;
        unsigned short u2porta = (char) 0x3e4 ;
        unsigned short u2portb = (char) 0x3e5 ;
        unsigned short u2portc = (char) 0x3e6 ;
        unsigned short u2ct1 = 0x3e7 ;
        int u2mode = 0x9b ;
```

```
        int lbdac = 0xe3c ;
        int hbdac = 0x3ee ;

        outp (u1ct1, u1mode) ;
        outp (u1porta, 0xff) ;
        outp (u1portb, 0xff) ;
        outp (u1portc, 0x0) ;
        outp (u2ct1, u2mode) ;

        clrscr( )
printf("*******************************************************\n");
printf("*                                                     *\n");
printf("* 센서 고급실험                                       *\n");
printf("*                                                     *\n");
printf("* 실험 명칭 : 인체 적외선 실험                        *\n");
printf("*                                                     *\n");
printf("* 파일이름 : HJ600A19.CPP                             *\n");
printf("*                                                     *\n");
printf("* 실험방법 :                                          *\n");
printf("*                                                     *\n");
printf("* 1.34pin으로 인터페이스 카드 CN1와 장비의 CN27을 연결 *\n");
printf("*                                                     *\n");
printf("* 2.34pin으로 인터페이스 카드 CN2와 장비의 CN28을 연결 *\n");
printf("*                                                     *\n");
printf("* 3.연선으로 SB-14와 장비의 CN26에 연결               *\n");
printf("*                                                     *\n");
printf("*******************************************************\n");
printf("\n");
printf("\n");
        int u2b;

        while(1)
        {       u2b = inp(u2portb) ;
                if((u2b & 0x08) = 0)//U2 포트B의 BIT3의 데이터 검출
                {       printf("Detect Human Body     \r")
                        outp(u1porta, 0xf7)
                }
                else
                {       printf("Not Detect Human Body  \r") ;
                        outp(u1porta, 0xff) ;
                }
        }
}
```

# 7-17 소리센서 고급실험

## 1. 실험 명칭

소리센서 고급실험

## 2. 실험 목적

소리센서와 마이크로 컴퓨터 시스템을 연결하여 소리제어 스위치 만드는 방법을 알아본다.

## 3. 실험 순서

① Interface card를 설치순서에 따라 퍼스널 컴퓨터에 설치한다.
② 34Pin Cable로 Interface card의 CNI와 장비의 CN27; Interface card의 CN2와 장비의 CN28을 각각 결선한다.
③ 연선으로 SB-18과 전자센서랩의 CN17(11)을 연결한다.
④ 두 손으로 손뼉을 치다 멈춘다. relay 1이 ON/OFF 되는지 관찰한다.

## 4. C PROGRAM

```
#include <stdio.h>
#include <conio.h>

void main(void)
{       /*Preprocessing*/
        unsigned short u1porta = 0x3e0 ;
        unsigned short u1portb = 0x3e1 ;
        unsigned short u1portc = 0x3e2 ;
        unsigned short u1ctl = 0x3e3 ;
        int u1mode = 0x80 ;
        unsigned short u2porta = (char) 0x3e4 ;
        unsigned short u2portb = (char) 0x3e5 ;
        unsigned short u2portc = (char) 0x3e6 ;
```

```
        unsigned short u2ct1 = 0x3e7 ;
        int u2mode = 0x9b ;

        outp (u1ct1, u1mode) ;
        outp (u1porta, 0xff) ;
        outp (u1portb, 0xff) ;
        outp (u1portc, 0x0) ;
        outp (u2ct1, u2mode) ;

        clrscr( )
printf("*****************************************************\n");
printf("*        *\n");
printf("* 센서 고급실험    *\n");
printf("*        *\n");
printf("* 실험 명칭 : 소리센서 실험 *\n");
printf("*        *\n");
printf("* 파일이름 : HJ600A20.CPP        *\n");
printf("*        *\n");
printf("* 실험방법 :      *\n");
printf("*        *\n");
printf("* 1.34pin으로 인터페이스 카드 CN1와 장비의 CN27을 연결 *\n");
printf("*        *\n");
printf("* 2.34pin으로 인터페이스 카드 CN2와 장비의 CN28을 연결 *\n");
printf("*        *\n");
printf("* 3.연선으로 SB-18과 주기계 CN17을 연결      *\n");
printf("*        *\n");
printf("*****************************************************\n");
printf("\n");
printf("\n");

        int I;
        int u2c;
        int rct1 = 0xf7;
        int ledct1 = 0xff;
        printf("Switch accessed by Voice\n");

        while(1)
        {       u2c = inp(u2portc);
                if(u2c&0x04) = 0)//U2 포트C의 BIT2의 데이터 검출
                {       rct1 = rct1^0x8;
```

```
                ledct1 = ledct1^0xff;
        }
        if(rct = 0sf7)
                printf("Status : Open\r");
        else
                printf("Status : Close\r");
        outp(u1porta, rdt1);
```

## 7-18 근접스위치 고급실험

### 1. 실험 명칭

근접스위치 고급실험

### 2. 실험 목적

근접스위치와 마이크로 컴퓨터 시스템을 어떻게 연결하여 금속 물질을 측정하는지 알아본다.

### 3. 실험 순서

① Interface card를 설치순서에 따라 퍼스널 컴퓨터에 설치한다.

② 34Pin Cablc로 Intcrfacc card의 CNI와 장비의 CN27; Interface card이 CN2와 장비의 CN28을 각각 결선한다.

③ 연선으로 근접수위치와 전자센서랩의 CN17(11)을 연결한다.

④ 금속물체를 멀리서부터 근접스위치에 접근시킨다. 컴퓨터 모니터 상에 "금속물체접근"이라는 문자가 뜨는지의 여부를 관찰한다.

## INTERFACE

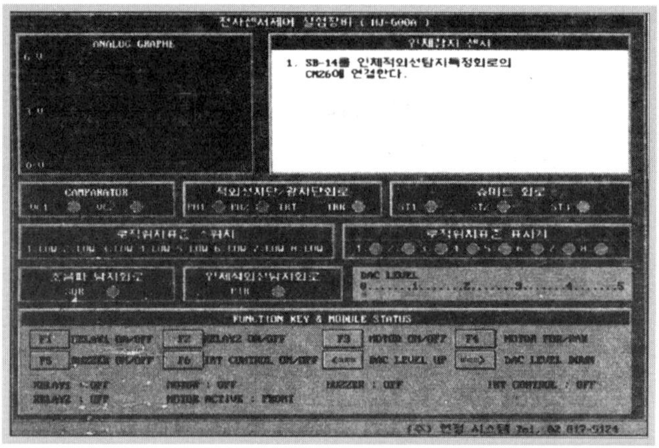


그림 7-19-1 INTERFACE

## 실험 결과

움직일 때마다 센서가 감지한다. 감지시 PIR LED는 ON이 된다.

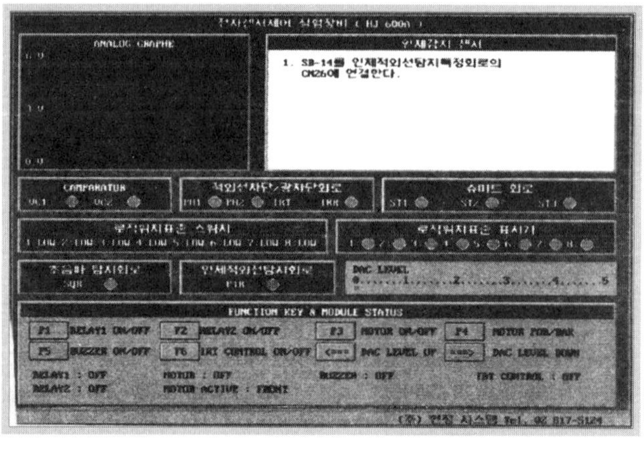


그림 7-19-2 실험 결과

# 4. C PROGRAM

```
#include <stdio.h>
#include <conio.h>
```

```
void main(void)
{       /*Preprocessing*/
        unsigned short u1porta = 0x3e0 ;
        unsigned short u1portb = 0x3e1 ;
        unsigned short u1portc = 0x3e2 ;
        unsigned short u1ctl = 0x3e3 ;
        int u1mode = 0x80 ;
        unsigned short u2porta = (char) 0x3e4 ;
        unsigned short u2portb = (char) 0x3e5 ;
        unsigned short u2portc = (char) 0x3e6 ;
        unsigned short u2ctl = 0x3e7 ;
        int u2mode = 0x9b ;

        outp (u1ctl, u1mode) ;
        outp (u1porta, 0xff) ;
        outp (u1portb, 0xff) ;
        outp (u1portc, 0x0) ;
        outp (u2ctl, u2mode) ;

        /*Display*/
        clrscr( )

printf("********************************************************\n");
printf("*                                                      *\n");
printf("* 센서 고급실험                                        *\n");
printf("*                                                      *\n");
printf("* 실험 명칭 : 근접 스위치 실험                         *\n");
printf("*                                                      *\n");
printf("* 파일이름 : HJ600A16.CPP                              *\n");
printf("*                                                      *\n");
printf("* 실험방법 :                                           *\n");
printf("*                                                      *\n");
printf("* 1.34pin으로 인터페이스 카드 CN1과 장비의 CN27을 연결 *\n");
printf("*                                                      *\n");
printf("* 2.34pin으로 인터페이스 카드 CN2과 장비의 CN28을 연결 *\n");
printf("*                                                      *\n");
printf("* 3.근접 스위치와 장비의 CN17에 연결                   *\n");
printf("*                                                      *\n");
printf("********************************************************\n");
printf("\n");
printf("\n");
```

```
        /*Main Program*/
        int u2c;

        while(1)
        {
                u2c = inp(u2portc);
                if((u2c & 1) = 0)
                {
                        printf("Status  :  Metal  Object  Approaching!
\r");
                        out(u1porta, 0xef);
                }
                else
                {
                printf("Status : Nonmetal Object Approaching! \r");
                outp(u1porta, 0xff);
                }
        }
}
```

## 7-19 습도센서 고급실험

### 1. 실험 명칭

습도센서 고급실험

### 2. 실험 목적

습도센서와 마이크로 컴퓨터 시스템을 연결하여 습도계를 만드는 방법을 알아본다.

### 3. 실험 순서

① Interface card를 설치순서에 따라 퍼스널 컴퓨터에 설치한다.

② 34Pin Cable로 Interface card의 CNI와 장비의 CN27; Interface card의 CN2와 장비의 CN28을 각각 결선한다.

③ 연선으로 습도센서와 전자센서랩의 CN12(6)를 연결한다.
④ CN36을 DC AMP, CN10을 1에 설정한다.
⑤ 소량의 물(2~3방울)을 플라스틱 용기에 떨어뜨리고 플라스틱 도관을 용기의 출구에 연결한다.
⑥ 플라스틱을 가볍게 눌러 플라스틱 내 수증기가 도관을 거쳐 습도센서로 불어 들어가게 한다.

## 4. C PROGRAM

```
#include <stdio.h>
#include <conio.h>

void main(void)
{       /*Preprocessing*/
        unsigned short u1porta = 0x3e0 ;
        unsigned short u1portb = 0x3e1 ;
        unsigned short u1portc = 0x3e2 ;
        unsigned short u1ct1 = 0x3e3 ;
        int u1mode = 0x80 ;
        unsigned short u2porta = (char) 0x3e4 ;
        unsigned short u2portb = (char) 0x3e5 ;
        unsigned short u2portc = (char) 0x3e6 ;
        unsigned short u2ct1 = 0x3e7 ;
        int u2mode = 0x9b ;
        unsigned short u3porta = (char) 0x3e8 ;
        unsigned short u3portb = (char) 0x3e9 ;
        unsigned short u3portc = (char) 0x3ea ;
        unsigned short u3ct1 = 0x3eb ;
        int u3mode = 0x9b ;

        outp (u1ct1, u1mode) ;
        outp (u1porta, 0xff) ;
        outp (u1portb, 0xff) ;
        outp (u1portc, 0x0) ;
        outp (u2ct1, u2mode) ;
        outp (u3ct1, u3mode) ;

        /*Display*/
```

```
        clrscr( )
printf("********************************************************\n");
printf("*       *\n");
printf("* 센서 고급실험    *\n");
printf("*       *\n");
printf("* 실험 명칭 : 습도 센서 실험(습도계)   *\n");
printf("*       *\n");
printf("* 파일이름 : HJ600A17.CPP        *\n");
printf("*       *\n");
printf("* 실험방법 :      *\n");
printf("*       *\n");
printf("* 1.34pin으로 인터페이스 카드 CN1와 장비의 CN27을 연결 *\n");
printf("*       *\n");
printf("* 2.CN36을 DC AMP로 설정한다.      *\n");
printf("*       *\n");
printf("* 3.연선으로 습도 측정판과 [ 6] 의 CN12에 연결   *\n");
printf("*       *\n");
printf("* 4.DC AMP 증폭 배율을 AV=1(CN10은 1로 설정)          *\n");
printf("*       *\n");
printf("* 5.DC AMP 증폭배율을 AV=1로 설정한다.(CN10조정)      *\n");
printf("*       *\n");
printf("********************************************************\n");
printf("\n");
printf("\n");
        /*Main Programming*/
        int u2c;
        int adlb, adhb, ad;
        float v1;

        printf("Current Humidity = \n");
        while(1)
        {
                adlb = inp(u3porta);
                adlb = inp(u3portb);
                ad = (adhb & 0xf) * 256 + adlb;
                v1 = (5/4096) * ad * 100;

                printf("%f %%\r", v1);
        }
}
```

# 08 자동차용 센서



최근 자동차에 있어서는 1980년대 까지만 해도 전체 차량가격의 1%에도 미치지 못했던 자동차용 전기·전자 부품이 2000년대에 들어와서 그 비중이 20% 가까이 증가 되었다. 나아가 2015년쯤에는 40% 가까이 증가할 것으로 전망되고 있다.

현재 자동차 1대에 들어가는 반도체는 대략 250개 정도인데, 이것이 2010년에는 400여개로 늘어날 전망이다.

왜 자동차용 전기·전자 시장이 이렇게 빨리 성장하는 것일까? 그 동안 자동차는 기계적인 장치로 이동하는 수단에 불과했다. 그러나 최근에는 이러한 단순한 기능을 탈피해야만 할 시대에 직면했다. 디지털정보화 시대의 영향이다. 디지털이라는 새로운 기술에 의하여 기능 구현이 가능했기 때문에 자동차에는 많은 전기부품이 사용되고 있다. 새로운 기술의 방향은 편의성, 안정성, 환경문제, 디지털 통신 등을 지향하는 방향으로 나아가고 있다.

엔진의 효율을 높이는데 아주 정밀한 전자제어 연료분사 제어기술이 필요하다. 온도, 습도, 대기 상태는 물론이고, 자동차의 운행상태를 파악하여 연료분사량을 조절하기 때문이다. 평지를 운행하거나, 오르막을 운행하는 상황등 여러 상황에서 기존의 기계적인 장치로는 연료제어가 불가능하다. 그러나 전기·전자 디지털 기술을 이용하면 값싸게 실용화할 수 있다. 일반적인 진화 방향은 컴퓨터를 이용한 제어를 시작했다는 점이다. 전후방 감시제어, 차선이탈 감시제어, 타이어 감시제어, 네비게이션, ABS브레이크, 원격장치등 무수히 많다.

이 같이 많은 전기·전자제어 부품이 사용되어 편리성을 증대시키는데 중요한 시발점은 자동차용 센서들이다. 압력센서, 온도센서, 광센서, 수온센서, 초음파센서, 적외선센서, 알코올센서 등 매우 많이 사용된다. 이장에서는 자동차의 전기전자제어 문제 해결의 출발점이 되는 센서를 깊이 있게 이해하는데 목적이 있다.

그림 8-1 센서를 많이 사용하는 최근의 자동차

## 8-1 자동차 센서

자동차에는 많은 센서가 사용되고 있다. 차량의 안전을 확보하기 위한 이미지센서, 압력을 측정하기 위한 압력센서, 전류의 흐름을 측정하기 위하여 응용된 홀IC의 응용, 광센서를 이용한 타코메터, 전등의 밝기 조절이나 연료메터의 센서로 사용되는 포텐셔메터, 차량이 장애물에 근접했는지를 구별하는 근접센서, 야간 안전운전을 위한 적외선 센서, 차량의 과속이나 충돌을 방지하기 위한 스피드 센서, 냉각수의 온도가 적당한지 확인하기 위한 수온센서, 실린드로 들어가는 공기량의 판단을 위한 MAP센서, 배기가스 속에 포함된 산소량을 측정하기 위한 산소센서 등 무수히 많다. 이런 센서들의 간단한 원리를 자동차의 동작과 연관시켜 이해하여 둘 필요가 있다.

**예제 8.1** **자동차에는 센서가 많이 사용되고 있다. 센서가 많이 사용됨에 따라 자동차의 개발, 생산, 정비 등에 있어서 어떤 변화가 나타난다고 생각되는가?**

## 8-2 이미지 센서

빛을 받아서 여러 가지 전기출력신호를 제공하는 센서는 많이 있다. 가장 간단한 것으로 CdS 셀, 포토 다이오드 등이 있으나 이미지를 나타내려면 여러 개의 셀이 집합적으로 모여 있어야 한다. 여러 개의 셀이 모여 있게 만든 형태로 촬상관이 있다. 그러나 촬상관은 광전막상의 이미지 강약에 대한 순차적으로 주사하는 빔이 필요하다. 또한 촬상관은 진공관의 일종이고 크기도 크고 전력도 많이 소모한다. 전력이 많이 사용되는 이런 약점을 보완하기 위하여 보통 반도체 관련기기를 사용한 방법이 사용된다.

자동차용 이미지 센서는 고체촬상 소자를 이용하여 이미지를 입력 받는다. 고체촬상 소자는 MOS형, PCD형, SIT형, CPD형, CCD, BBD형 등이 있다. 이 센서들을 적절히 이용하여 차량의 안전운행을 위한 장치로 개발되어 사용되고 있다. 대표적인 것이 CCD를 이용한 것이다. 운전 사각지대 등에 대한 영상을 운전자에게 전송하여 안전운전에 큰 도움을 주고 있다.

**예제 8.2** **이미지센서가 최근 자동차에 많이 사용되는 이유는?**

CCD형 이미지 센서는 프레임트랜스퍼 방식과 인터라인 방식이 있다. 프레임트랜스퍼 방식은 광센서용 어레이와 축적용어레이가 분리되어 있고, 어느 어레이도 거의 같은 구조인 CDC에 의하여 구성된다.

광센서용 이레이에 축적된 이미지 신호는 축적용 어레이로 전송되고 나면 또다시 광센서용 어레이에 다음의 신호가 축적된다. 이렇게 축적된 신호를 1라인씩 수평출력용 레지스터에 저장된다. 이렇게 모든 라인이 저장되면 1프레임의 정보가 저장된다. 1장의 플레임이 저장되면 다시 다음 프레임의 저장이 시작되게 된다.

이 트랜스퍼 방식은 화소의 크기를 적게 할 수 있어 감광 면적을 보다 적게 할 수 있다.

인터라인 방식에서 광센서 어레이는 수직 시프트레지스터에 인접하여 형성되어 있다. 수직 시프트레지스터는 수평 1라인 레지스터를 모두 읽을 때 마다 한 번씩 보내진다. 이 사이에 광센서 어레이에서는 다음신호의 축적을 한다.

인터라인 방식의 장점은 제작할 수 있는 구조가 매우 간단하여 편리하다. 결점은 감광면적을 작게 하는 것에 구조적으로 곤란한 면이 있다.

## 8-3 CCD형 이미지 센서의 사용

CCD형 이미지 센서의 예로 OPA2048이 있다. 이 센서를 기본으로 하여 간단히 설명한다. 외형 패키지는 40 ㎜×10 ㎜의 크기이다. 동작 구성은 크게, 광전 변환부, 전하 축적부인 포토 게이트부, 포토트랜스퍼 게이트 시프트 레지스터, 출력게이트, 전하 값 READ부 등으로 구성된다.

OPA2048의 시스템 클럭(clock)과 타이밍을 잘 관찰하면 센서 전체의 동작을 이해할 수 있다. 외부신호 Clock Pulse ϕ0, 스타트 신호 S이다. 공급전압은 15 V, 5 V이고, 아날로그와 디지털 접지는 상호 신호 분리되도록 하여야 한다. 노이즈를 방지하기 위하여 꼭 필요한 조건이다.

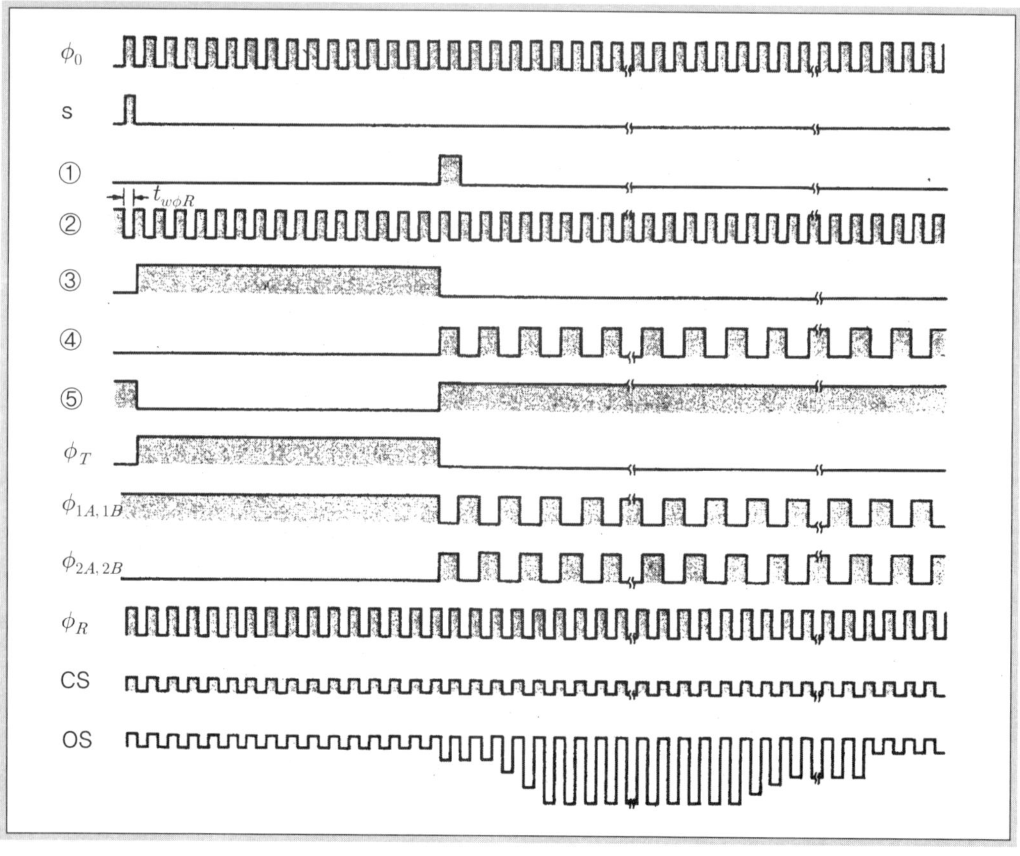


그림 8-2 CCD센서의 구동 타이밍

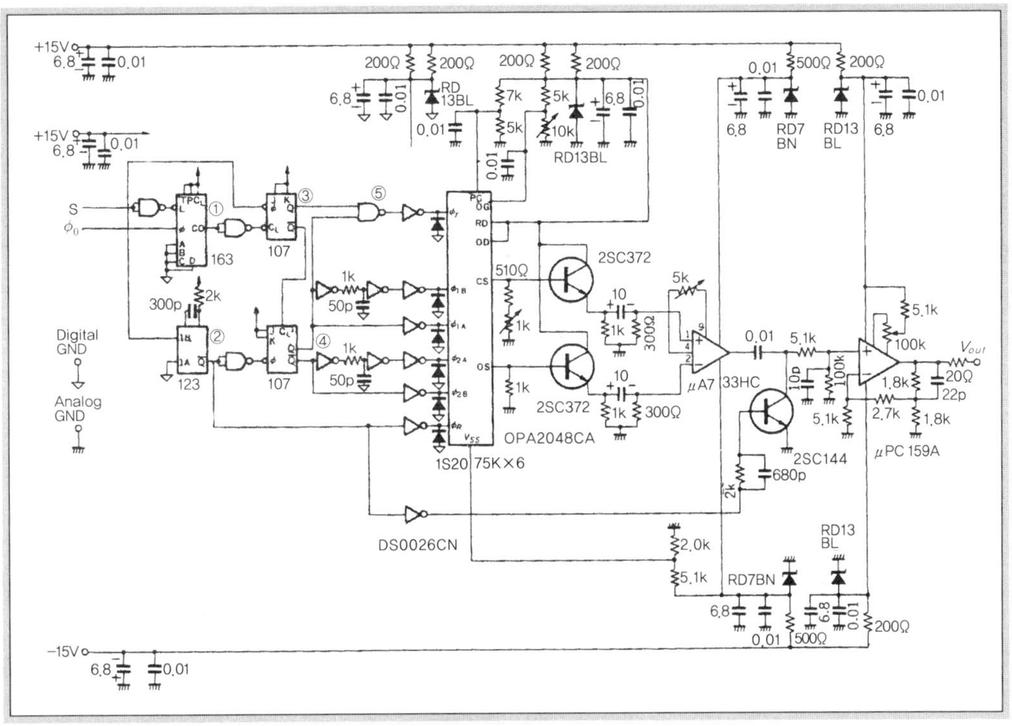

그림 8-3 구동 회로

트랜스퍼 펄스의 타이밍은 프리셋트 가능한 카운터를 이용하여 만든다. 외부 클럭펄스가 빠를수록 분주하여 사용하고, 짧게 되면 전 클럭의 화상 신호가 완전히 전송되지 않은 상태라 잔상이 다소 생길 수 있다.

리세트 펄스는 최소 80 ns 이상의 클럭스피드 이상이어야 한다. 만약 이 이하가 되면 CCD센서는 정상적 동작을 할 수가 없다.

CCD레지스터 클럭(φ1 A, φ1 B)은 리셋트펄스를 1clock 늦게 한 신호와 같다. CCD센서의 영상주파수는 레지스터 Clock Speed의 2배 주파수가 된다.

Clock 드라이브는 CCD센서의 출력신호의 원활한 동작을 위해서 필요한 과정이다. 즉 CCD출력 전압레벨과 TTL, CMOS등 동작레벨과는 다르기 때문에 레벨을 적절하게 맞추어 줘야 한다.

CCD센서는 이미지의 촬영하는 단순한 영상촬영소자, PCB 기판 등의 이물질 검사장비 등에 많이 사용된다.

## 8-4 컬러 센서

컬러TV의 보급으로 색에 대한 정보는 매우 넓어졌다. 그러나 색깔 별로 구분하여 센서로 사용할 수 있게 만든 경우는 많지 않다. 최근 아몰포스(A-morphous) 실리콘을 사용해서 색깔의 식별이 가능한 아몰포스 가시광 센서가 출현하였다.

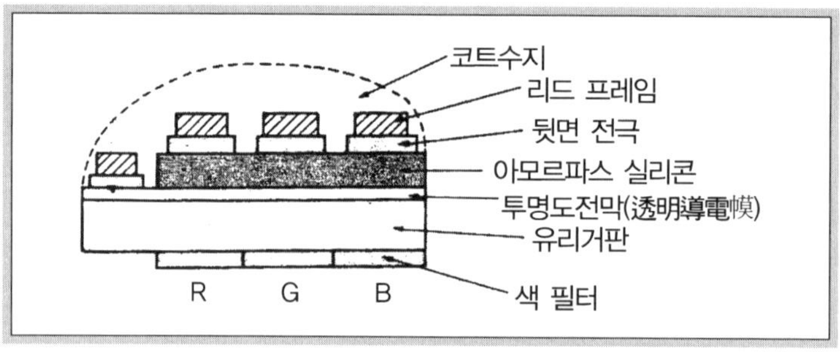


그림 8-4 아몰포스 컬러센서의 단면

빛이 들어오면 색상별로 컬러 필터가 있고, 다음 유리기판위에 투명한도전막(ITO)이 있고, 도전막 위에 아몰포스 실리콘이 형성되고, 컬러필터에 1:1대응하게 전극이 형성되어 있다.

3색 분해법에 의한 컬러센서는 입력되는 곳에 R, G, B 3가지의 컬러센서에 포토센서를 각각 연결하여 출력신호를 생성하게 되는데, 노이즈의 영향을 줄인다면 중간색까지 12가지 이상의 색을 검출해 낼 수 있다.

아몰포스 컬러센서의 특징은 모든 색의 판정이 가능한 아몰포스 집적형 풀 컬러 센서, 적, 옥, 청등 특정색의 판정을 위한 센서, 가시광선 전 영역을 위한 컬러 센서등이 있다.

분광감도는 다음 그림과 같다.

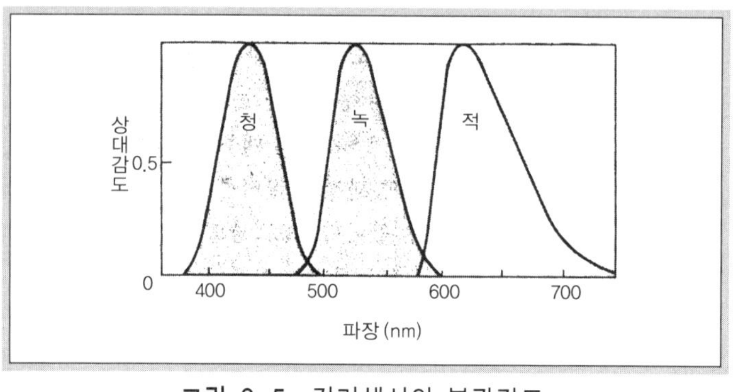


그림 8-5 컬러센서의 분광감도

아몰포스 컬러센서의 응용은 주로 생산 라인에서의 제품 검사용이다. 즉 형상, 무게, 크기 등은 같고 색의 차에 의해서만 제품의 불량여부를 판정할 수 있다.

**표 8-1 컬러센서의 용도**

| 분 야 | 용 도 |
|---|---|
| 산업용 | - 자동차, 기계제품의 색차 검사<br>- 종이, 펄프등의 색차 관리<br>- 철·비철등의 생산품 색차관리<br>- 잉크, 염료의 색차관리<br>- 화장품등의 색차관리<br>- 과일의 성장 정도 판정<br>- 섬유검사<br>- 로버트의 색차 검사 |
| 의료용 | - 피부, 내장등의 색 측정<br>- 분말약, 정제등의 색차 검사<br>- 치아색 검사<br>- 기타 색얼룩등 검사 |
| 가정용 | - TV의 색 조정 검사<br>- 가전제품의 색 검사 |
| 기 타 | - 컬러코드의 해독 |

## 8-5 스트레인 게이지

스트레인 게이지는 가해진 힘의 정도만큼 전기저항치가 변화하는 원리를 이용하여 물질에 가해진 힘을 측정할 수 있다. 측정 대상 힘은 물질의 응력, 힘, 변형, 압력, 변위 등 외력 등이다.

측정하는 과정은 힘(물리력)을 가하면 변형이 일어나고 전기적인 변화가 일어나면 이 전기신호를 증폭하여 힘을 측정할 수 있다. 이 같은 전기적인 신호로 변환시킬 수 있게 하는 것을 트랜스듀스 라고 한다.

금속체는 전기저항이 있고, 저항체는 가늘고 긴 것이 저항치가 크다.

$$R = \rho \frac{l}{s}$$

여기서 $\ell$은 길이, S는 단면적 ρ는 고유저항이다.

저항체에 의하여 분류해 보면 저항선 게이지, 저항박 게이지, 반도체 게이지, 증착 게이지가 있고 기본 재료에 의하여 분류해 보면 페이퍼 게이지, 베이클라이트 게이지, 에폭시 게이지, 폴리에스테르 게이지, 폴리아미드 게이지가 있다, 마지막으로 스트레인 게이지의 용도를 보면 온도변화, 측정변형 상태변환 등에 관한 분야에 사용할 수 있다.

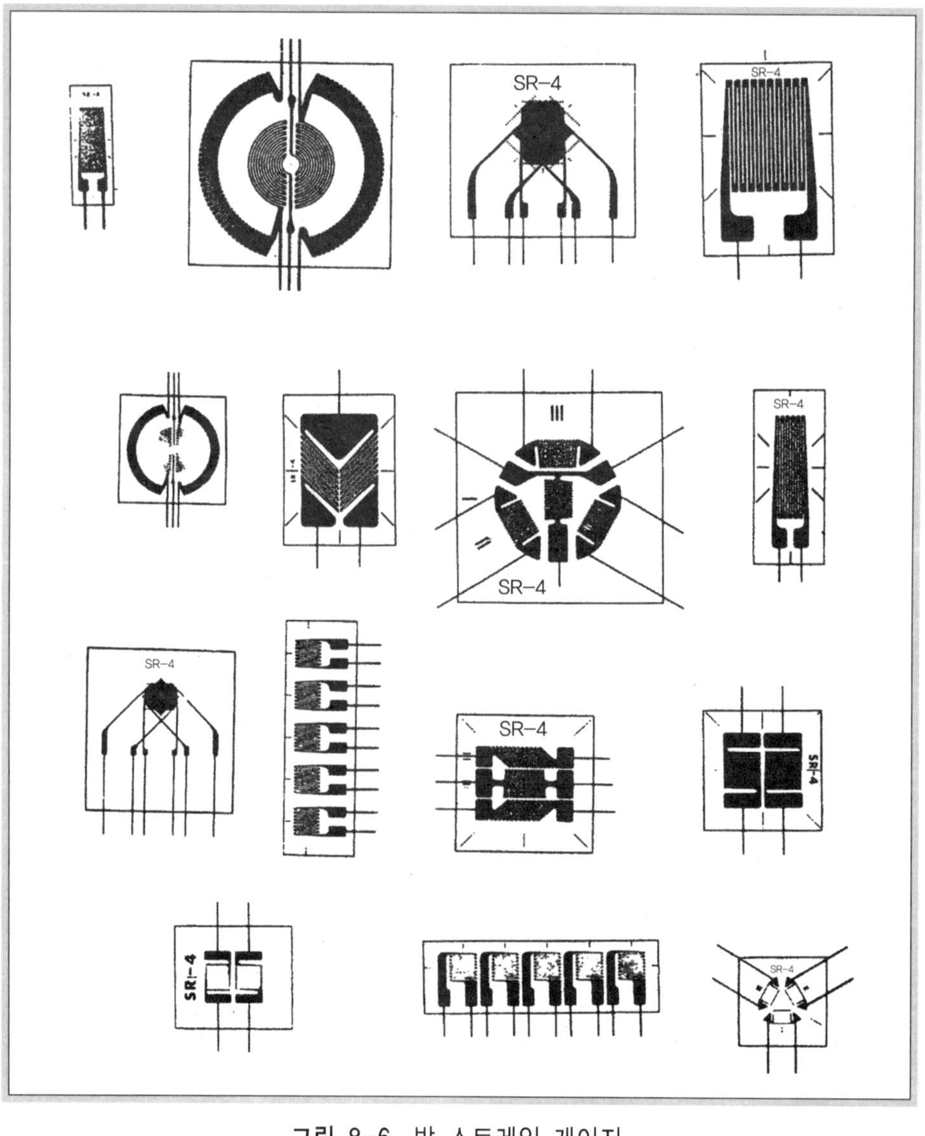


그림 8-6 박 스트레인 게이지

윗 그림은 여러 박막으로 된 스트레인 게이지의 형태이다. 스트레인 게이지의 측정은 게이지의 전기적 변화를 알면 되는데, 변형에 의한 전기저항의 출력전압은 다음과 같다.

$$e = et \frac{R1R3 - R2R4}{(R1 + R2)(R4 + R2)}$$

이다. 이것은 휘스톤 브리지에서 기본 공급전압 et 가할 때, 저항에 의하여 나타나는 전압을 측정한 값이다.

**예제 8.3 유량측정에 대한 응용 예를 들고 설명하여라.**

- 유량측정방법1

  유체가 흐르고 있는 관속에 관의 지름이 다른 2점에서의 압력차가 발생한다. 이 압력차는 유량과 일정관계가 있으므로(베르누이의 정리) 압력차를 이용하여 유량을 구할 수 있다.

- 투입식 레벨의 측정

  그림에서 볼 때, 압력센서를 액체내의 임의의 위치에 고정해 놓았을 때, 센서에 가해지는 압력은 액체의 깊이와 밀도에 관계된다.

- 기포식 레벨 측정

  액체에서 발생되는 가스의 압력을 측정하여 유량의 레벨을 측정하는 방식이다.

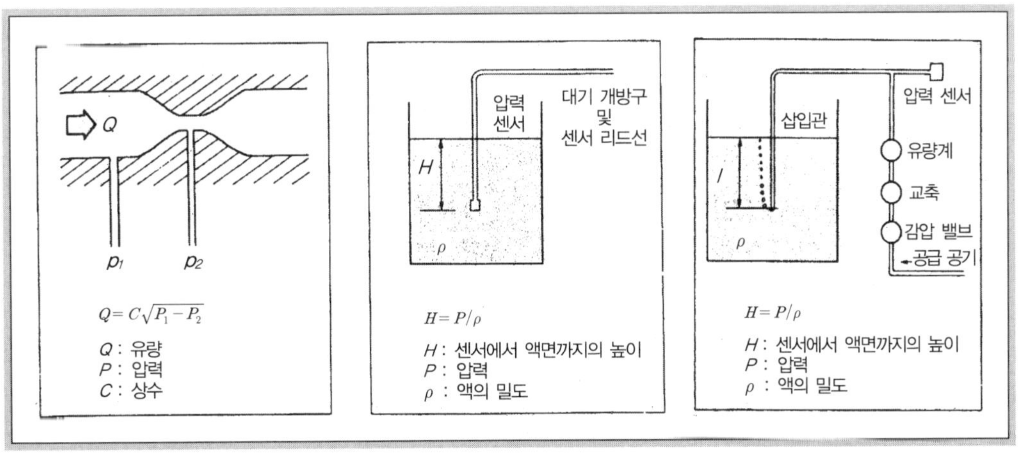


그림 8-7 레벨계의 종류

최근 많이 사용되는 센서로 확산형 센서가 있다. 확산형 센서는 고신뢰도, 고정밀도용 센서가 필요한 곳에 많이 사용되고 있다. 확산형 센서의 특징으로는 상온에서 저항은 5 KΩ, 온도계수는 3000 ppm/℃ 정도이다. 이것은 스트레인게이지 보다 온도에 더욱 민감한 결과를 나타내고 있다.

많은 압력센서가 사용되고 있는데, 압력센서를 선정하는 보편적인 기준은 감도(Sensitivity), 정격압력, 직선성, 히스테리시스, 재현성, 정밀도, 과대압, 라인압력, 온도에 의한 제로점 이동, 온도에 의한 출력 변동, 온도 범위 그리고 가속도 에러등이 있다.

이중에서 감도는 압력에 대한 출력전압이

$$감도 = \frac{V}{P}$$

이다. 즉 가해진 압력에 따라 얼마나 출력전압 V가 적절하게 잘 출력되는가를 나타내는 가이다.

직선성(Linearity)는 압력을 인가했을 때, 출력전압이 얼마나 기준 직선성을 유지하는 출력인가를 나타내는 것이다. 이 직선성이 일부 구간에서만 양호한 결과가 나타난다면 나쁘게 나타나는 범위의 측정을 위한 다른 수단을 갖고 있어야 한다.

히스테리시스는 압력을 0에서 최대까지 변화시킬 때, 증가시켰을 때와 감소시켰을 때 차이가 발생될 경우가 있는데 이것을 히스테리시스라고 한다. 히스테리 시스특성을 이용하여 다양한 응용기기를 만들기도 한다.

온도범위에 의한 출력 범위 문제에 있어서는 보존온도범위, 사용온도범위, 보상온도범위 등으로 나누어 이야기 할 수 있다. 보존온도범위는 압력센서가 파괴되지 않고 보관될 수 있는 범위이다. 사용온도 범위는 압력센서의 특성상 특별한 문제없이 사용할 수 있는 온도 범위이다. 보상온도 범위는 압력센서의 성능표시가 모두 유지되고 있는 온도 범위를 말한다.

**예제 8.4** **히스테리스스 현상이 무엇인지 설명하시오.**

**예제 8.5** **어떤 전기적인 신호의 측정에서 측정된 값의 직선성은 매우중요하다. 그 이유가 무엇인지 설명하시오.**

## 8-6 타코메터

타코메터란 회전속도계를 의미한다. 자동차가 어느 정도의 속도로 움직이고 있는지 정보를 운전자에게 보내주는 것은 매우 중요한 것이다. 타코메터의 동작방식은 다음 표와 같다.

표 8-2 타코메터의 동작방식

| 방 식 | 특 징 | 동작원리 | 용 도 |
|---|---|---|---|
| 원심력식 | 직선성이 없고, 부하가 크다 | 회전하는 원심력을 이용 | 디젤기관의 속도 |
| 하슬러식 | 직선성이 있고, 평균속도 가능 | 시계장치 응용 | 중간속도의 계기용 |
| 와전류식 | 직선성. 구조간단 | 와전류 반작용의 힘 이용 | 자동차의 스피드메터 |
| 발전기식 | 고속에서 곤란, 중속에서 양호 | 발전기 출력전압의 크기 | 중속도 측정용 |
| FG형 | 직선성 양호 | 발전기의 전압이 아니라 주파수 측정하여 측정 | 저속-중속 |
| 자지 펌퍼식 | 진원 불요 | 점화 펄스등에서 신호정보를 얻는다. | 엔진타코메타로 매우 많이 사용 |
| 단안정멀티 바이브레이트식 | 좋은 직선성 | 입력 펄스를 멀티바이브레이트로 신호화 하여 사용 | 공업용으로 많이 사용 |
| 펄스주기 방식 | 직선성이 다소 불량 | 입력 펄스에서 주파수 구해 | 변화율이 적은 고속도용 |
| 타우메틱 방식 | 펄스주기 방식 | 펄스의 트리그를 상승 하강중 하나만 사용 | 초고속, 저속등 급변하는 곳에 사용 |
| 카운터 방식 | 고속에서 정밀 | 입력되는 펄스를 계수하여 | 일반적인 디지털 타코메터 |

타코메터의 기본 원리로 차지 펌퍼식 타코메터에 대하여 설명하면 가솔린 엔진등 자동차용 타코메터로 간단하고 편리하여 많이 사용된다. 엔진의 이그니션 펄스를 받아 동작한다. 펄스는 고압 관련 회로에서 분리하여 만들고 있이 일반적인 디지털 회로에는 문제가 발생될 수 있어 파형을 정형화 시켜 사용한다.

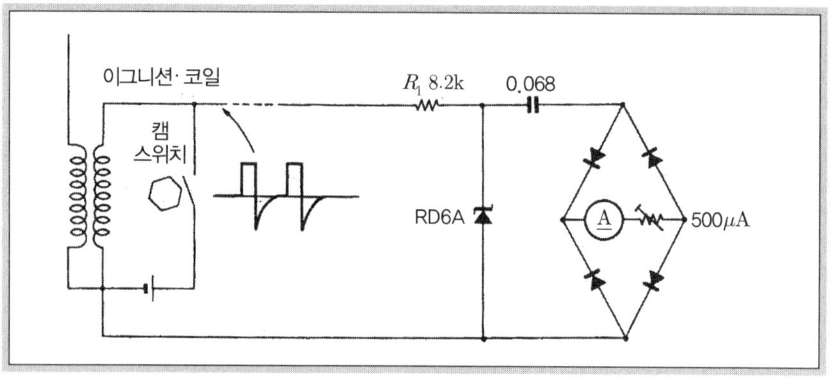


그림 8-8 차지 펌퍼식 타코메터

그림에서 차지 펌퍼식 타코메터의 원리는 자동차에 공급되는 직류 전원 12 V를 사용하여 캠스위치의 On/Off 동작에 의하여 교류로 만든다. 만들어진 교류는 트랜스포머를 경유하여 고압이 발생하고 이 고압은 점화플러그에 공급되어 엔진을 구동하는 구조이다. 여기서 스위치가 On/Off 하는 신호를 저항과 컨덴서를 이용하여 파형을 정형화하고 제너 다이오드 RD 6 A를 이용하여 전압의 크기를 조절하여 타코메터용 신호를 만든다.

신호를 처리하는 과정에서 아날로그 상태로 하는 경우와 디지털 상태로 하는 경우가 있다. 아날로그 신호를 이용하여 처리하는 경우에는 다소 간단하고 편리한 점이 많으나 정밀도가 다소 떨어진다. 그러나 디지털 신호로 처리하여 계수하는 경우에는 신호가 발생되는 횟수가 정확하게 계수되므로 정확한 측정이 가능하다. 다만 디지털의 경우 1비트의 에러가 큰 차이를 나타낼 수 있는 구조이므로 회로설계시 적절한 필터를 사용하여 고압 등의 방해신호에 대비하여야 한다.

표 8-3 처리 신호방식에 따른 장·단점

| | 장 점 | 단 점 | 용 도 |
|---|---|---|---|
| 아날로그 | 회로가 간단,<br>전원이 불필요<br>노이즈에 강함 | 정밀도가 낮다.<br>신호펄스에 파워가 소모 | 자동차용 타코메터<br>자전거용속도메터 |
| | 직선성이 좋다.<br>구성이 간단 | 리플이 있다. | 컴퓨터입력용 |
| 디지털 | 정밀도가 높다.<br>회로가 간단/복잡할 수도 있다. | 비트오차 발생 주의 | 디지털표시용 |

## 8-7 홀소자를 이용한 자동차용 기기

홀 소자의 출력이 크지 않고 노이즈에 약하므로 신호를 증폭해야 한다. 따라서 신호를 증폭할 부분까지 내장하게 만든 것이 홀IC이다. 따라서 일반적인 반도체 생산 설비과정을 이용하여 생산할 수 있다. 따라서 신뢰성이 높은 부품을 값싸게 생산할 수 있다.

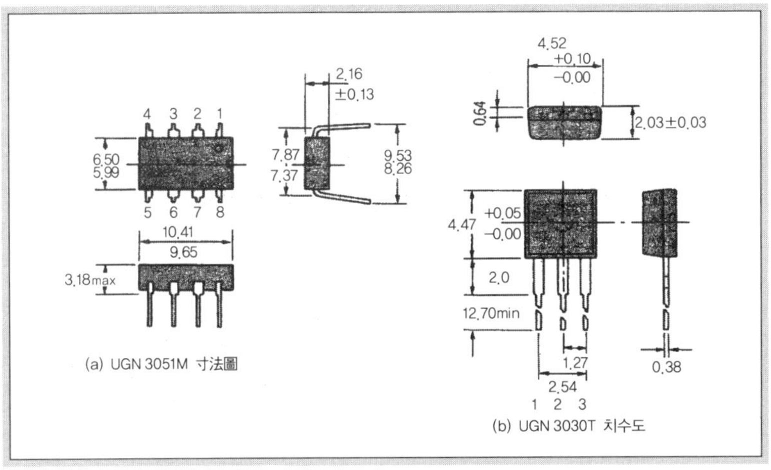


그림 8-9 홀IC의 형상

홀IC는 보통의 경우 100 Gauss이상의 자장이 발생해야 적절한 측정을 할 수 있는데, 아날로그적인 동작이므로 작동전압은 8-16 V이고, 출력오프셋 전압은 100 mV이고 온도 드리프트는 1 mV/℃로 비교적 양호하나. 오프셋 전압은 빈고정 포텐셔메터를 이용하여 조정이 가능하게 보통 설계되어 있다.

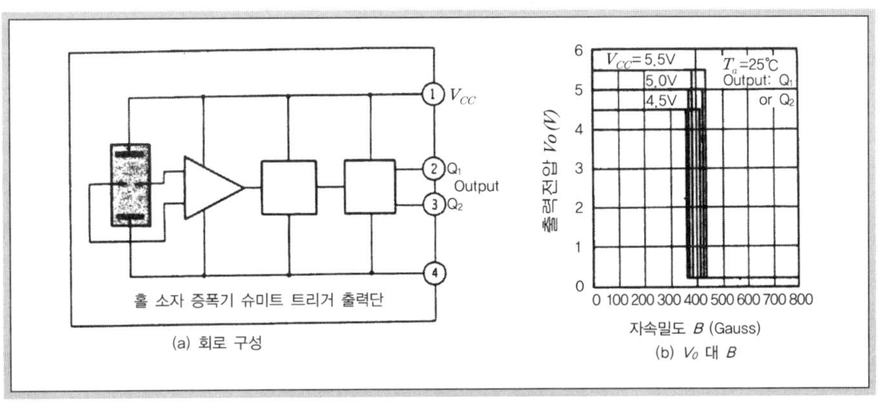


그림 8-10 홀 IC 구성과 특성

윗 그림에서 보면 홀 소자에서 신호가 입력되면 차동증폭기에서 신호가 1차 증폭되고 슈미터트리거에 의하여 신호의 변화에 보완을 거쳐 출력버퍼에 의하여 출력된다. 입력되는 자장의 세기와 발생되는 신호전압과의 관계를 보면 편리하게 응용할 수 있는 신호가 발생됨을 알 수 있다.

이렇게 변화되는 신뢰성이 비교적 높은 전기신호가 나타나는 원리를 이용하여 만들어진 것이 홀인코더이다. 홀 인코더는 자장의 변화량을 적절한 숫자로 나타내게 만든 것이다. 회전하는 측정대상의 회전판에 일정간격으로 매우적은 영구자석 설치해 놓고, 이 회전판에 가까운 곳에 홀 IC를 설치해 놓으면 영구자석이 지날 때마다 신호가 발생된다. 이 원리를 이용하여 회전원판의 회전수를 감지할 수 있다. 이 회전판을 개스관에 설치하면 개스사용량 측정기가 되고, 수도관에 설치하면 수도 계량기가 된다.

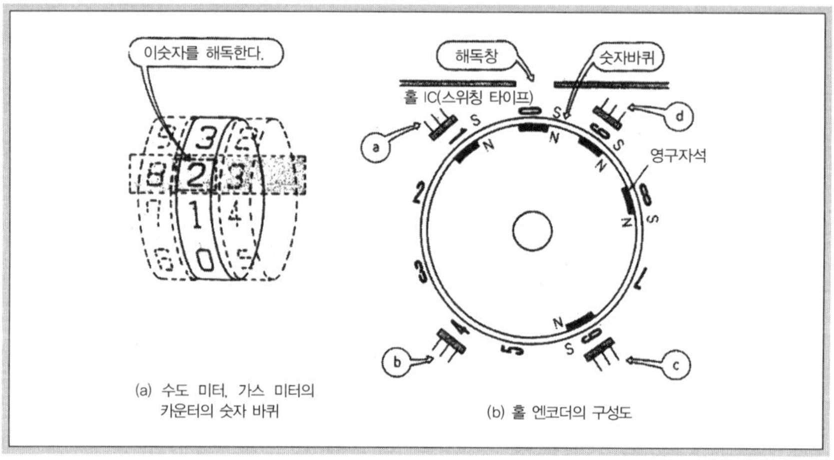


**그림 8-11 홀IC를 이용한 수도 검침기 원리**

홀IC을 이용하면 회전각도 검출기에 응용할 수 있다. 원리는 N극과 S극의 사이에는 홀 IC가 측정가능한 자장이 발생된다. 이 자장속에 회전각 측정대상 회전체를 넣어 두면 회전하는 정도에 따라 홀 IC에 전달되는 자장이 변화한다. 이 변화하는 자장의 량을 홀IC를 이용하여 측정하면 회전체가 얼마나 회전했는지 신호량을 검출할 수 있다.

홀IC를 모터에 응용할 수 있다. 카세트플레이어, 비디오플레이어, CD플레이어 등 일정하게 회전해야 하는 기기는 회전수에 대한 높은 정밀도가 요구된다. 그림에서 홀 소자를 90° 각도로 2곳에 설치하여 홀 모터가 회전하는 상황을 정확히 출력해 낼 수 있다. 따라서 홀소자를 사용한 모터는 신뢰성이 매우 높게 되고, 우수한 회전특성이 있고, 전기적 노이즈도 적게 되지만, 대 출력 모터의 구현은 쉽지 않다.

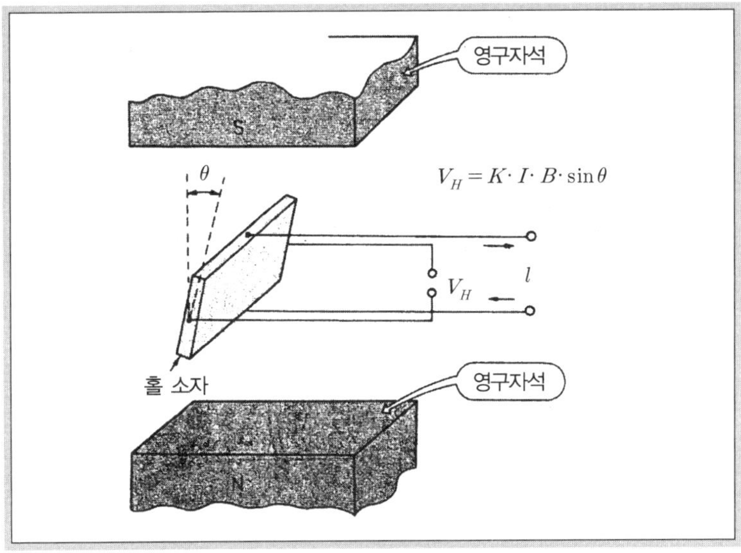


그림 8-12 회전각 측정원리

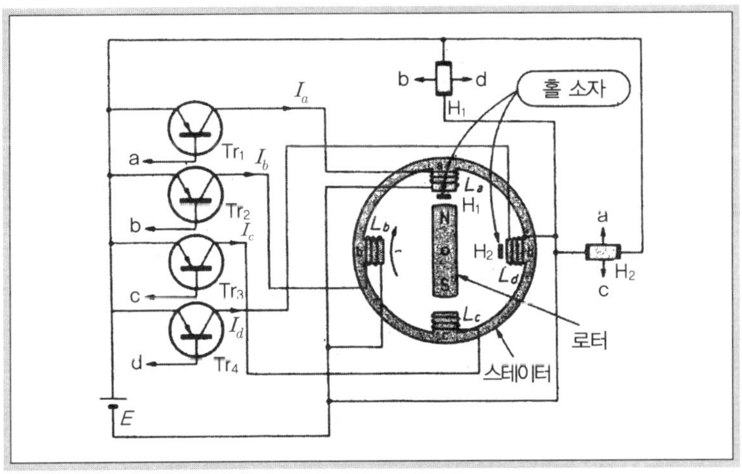


그림 8-13 홀 모터의 구조

## 8-8 아이들(Idle) 컨트롤 벨브 제어용 모터

사무자동화 기기, 공상자동화 기기, 자동차의 공회전 제어용 벨브의 제어 등에는 스태핑모터가 사용되고 있다. 스태핑 모터는 회전제어를 디지털펄스 신호에 의하여 한다. 즉 그림과 같이 가해지는 명확한 수량에 따라 정확한 회전량을 제어할 수 있다.

스태핑 모터는 일반 다른 모터와 달리 피터백제어 없이 높은 정밀도의 회전제어가 가능하다. 정지시에도 다른 모터에 비해 큰 정지토크가 작용한다. 디지털 신호로 제어가 가능하므로 마이큼에 의하여 간편하게 속도제어가 가능하다.

**표 8-4** 디지털신호에 의한 속도 제어

| 입력 디지털신호 | 속도제어 가지 수 |
|---|---|
| 00 | 0 |
| 10 | 1 |
| 10 | 2 |
| 11 | 3 |

자동차의 엑츄에이터, 프린트의 X-Y 위치 이동 장치 등에 응용되고 있다. 모터의 회전각은 입력되는 디지털펄스 수에 비례하고, 모터의 속도는 1초간 입력되는 디지털 비트수에 비례하여 제어된다. 특히 회전각의 오차는 스태핑마다 누적되지 않아 정밀한 기기에 많이 사용되고 단순하여 가격이 매우 저렴하다는 특징을 갖고 있다.

**예제 8.6** **스탭모터는 디지털 신호에 의한 제어가 가능하다 디지털 신호에 의한 제어가 가능한 이유를 간단히 설명하여라.**

**예제 8.7** **자동차에서 스탭모터의 사용 예를 적어보시오.**

**예제 8.8** **자동차에서 홀소자를 이용하여 사용되고 있는  예를 간단히 설명하여라.**

## 8-9 샤프트 인코더

기계적인 이동 정도를 디지털 값으로 나타나게 만든 기기를 샤프트 인코드라 한다. 즉 회전위치, 속도등을 센서를 이용하여 인출하여 디지털 신호로 정형화 시켜 출력하는 기기이다.

샤프트 인코더에는 광학식, 브러쉬식, 자기식 등이 있다.

광학식 사프트 인코드는 회전디스크에 투명한 부분과 불투명한 부분으로 구성되어 있다. 따라서 빛이 투명한 부분을 통과할 때에는 신호가 있고, 불투명한 부분을 통과할 때에는 신호가 없다. 즉 디지털 신호를 출력하게 된다.

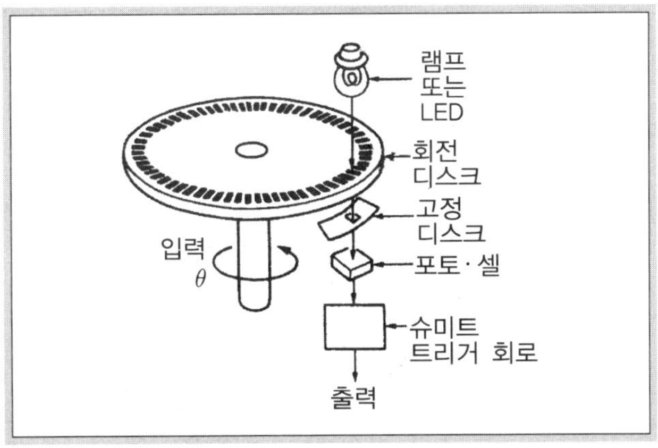


그림 8-14 광학식 샤프트 인코드

브러쉬식 샤프트 인코더는 전기신호 인출용 브러쉬를 두고 회전원판에는 전기적 도통 부분과 절연체 부분으로 구성되게 해 놓으면 브러쉬의 출력단자 신호는 회전에 따른 디지털 출력신호를 만들어 낼 수 있다.

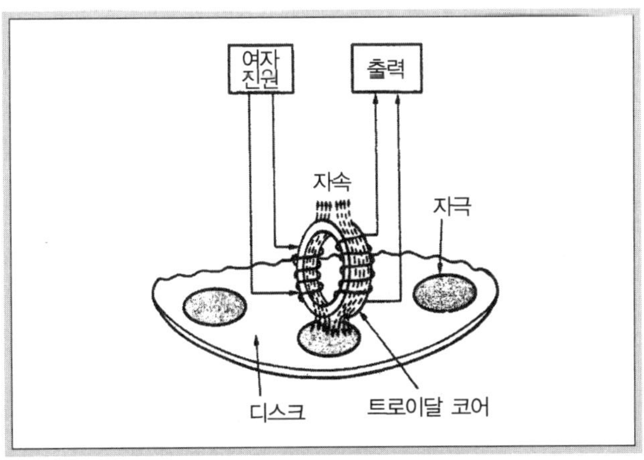


그림 8-15 자기식 샤프트 인코드 구조

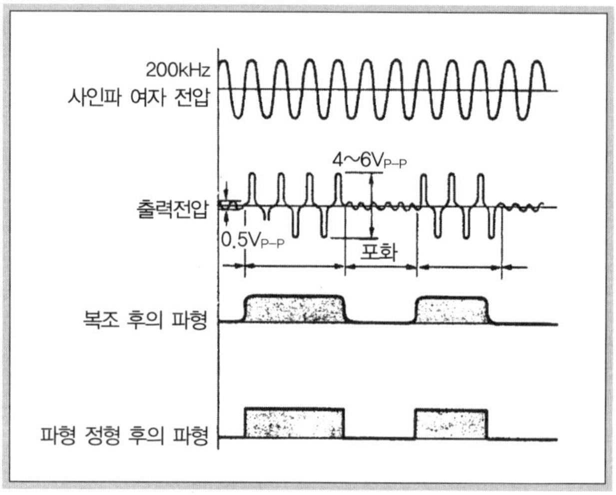


**그림 8-16 자기식 샤프트 인코드 신호출력**

자기식 샤프트인코더는 회전판에 자기물질을 부착해 놓고, 신호를 인출하는 코일헤드을 설치하여 자기 성분을 출력해 보면 디지털 신호를 출력할 수 있다.

디스크가 회전하여 코일헤드에 신호가 입력되면 이 신호를 원래의 파형으로 복조하고, 정형화 하여 출력파형을 얻는다. 그 외에도 출력 형식에 따라 인크리멘탈 샤프트 인코드, 엡숄루트 샤프트 인코더등이 있다.

대표적인 출력형식으로 인크리멘탈 샤프트 인코드을 설명하면 다음과 같다. 입력축의 회전각도 변화량을 펄스 수로 나누어 출력한다. Up/Down 출력 펄스의 경우 샤프트 인코드 내부에서 축의 회전 방향이 시계방향인 경우 Down 신호를 출력하고 반시계 방향인 경우 Up 신호를 출력한다.

X1배 출력의 경우에는 2상신호의 전진신호 A에 대해서 1펄스의 출력이 되지만 X2배 출력의 경우에는 2펄스, X3배 출력의 경우 3펄스, X4배 출력의 경우 4펄스가 출력된다. 이와 같은 출력파형은 다음 그림과 같다.

출력신호를 내보내는 출력회로는 TTL 출력, Open 컬렉터 출력, 라인드라이브 출력등이 있다. TTL 출력은 동작하는 신호레벨을 IC 기준으로 Transistor-Transtor-Logic Level이라는 의미이다. 이 신호전압의 규정은 TTL IC 제작사가 정한 논리 1, 0를 표현하는 레벨이 정해져 있다. 보통 1에 해당하는 레벨, 0에 해당하는 레벨, 노이즈의 한계전압, On/Off 되는 시간등이 정해져 있는 것이다. 인정하는 신호레벨이 낮아 노이즈에 다소 약하다는 평가를 받는다.

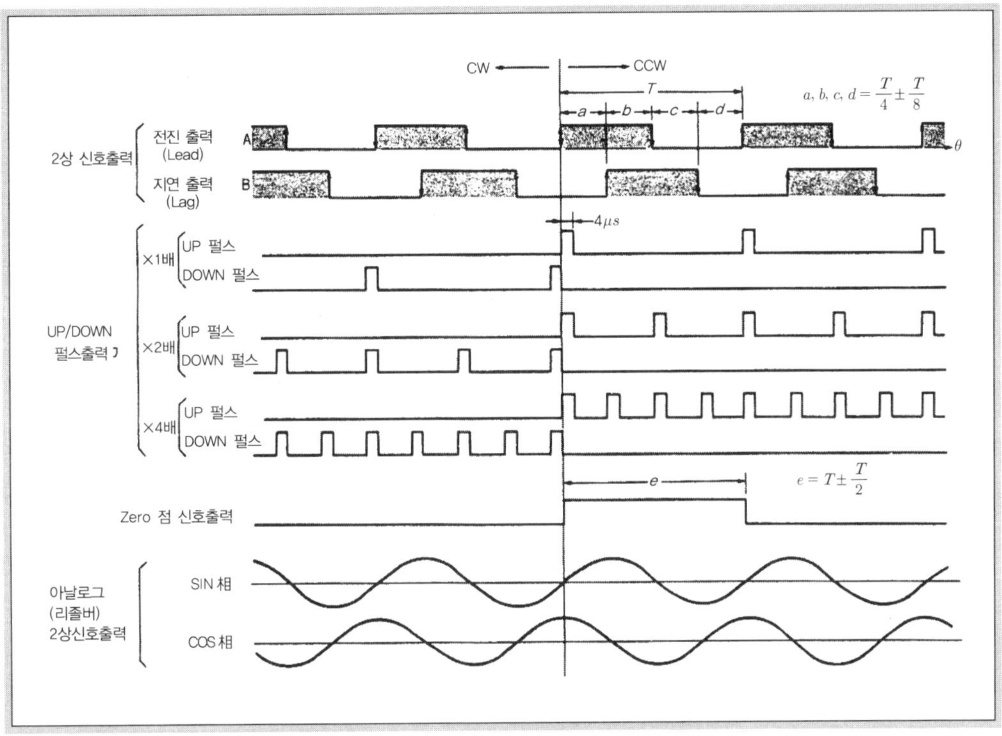


그림 8-17 샤프트 인코더의 출력파형

오픈 컬렉터 출력은 출력신호가 다음의 입력단으로 신호를 전송하는데 이 때 요구되는 최소 전류 드라이브 한계가 있다.

이 한계를 여유롭게 하기 위하여 Open-Collector 드라이브를 사용한다. 이 방법을 사용할 경우 많은 부하에 신호라인을 접속할 수 있다.

라인드라이브 출력은 단순한 디지털신호로의 전달 기능을 위주로 한 경우도 있지만 신호의 안정성을 높이기 위하여 차동증폭기를 사용한다. Diffenential Amp를 사용하여 신호에 포함되어 입력되는 신호 중 노이즈에 해당하는 것을 상당부분 감쇠시키는 동작을 한다. 또한 라인 드라이브를 통할 경우 신호가 논리에 맞게 1, 0가 명확하게 구분될 수 있게 정형화 된다.

샤프트 인코드의 응용예는 연속 절단라인에서 길이 측정, 공작기계 테이블의 이동거리 측정, 저울 용수철의 변화량 검출, 안테나의 제어 등이 가능하다.

## 8-10 포텐셔미터 센서

포텐셔미터는 구조에 따라 권선형, 하이브리드형, 자기형, 저항소자형 등이 있다. 초기에는 권선형이 많이 사용되었으나, 고속응답, 사용시간 한계, 분해능 등에서 전도형 플라스틱 소자를 이용한 포텐셔미터가 많이 사용되고 있다. 플라스틱 소자는 저항이 일정한 트랙 형식으로 구성되어 있어, 저항 값의 변화량은 권선형에 비하여 신뢰성이 매우 높게 된다.

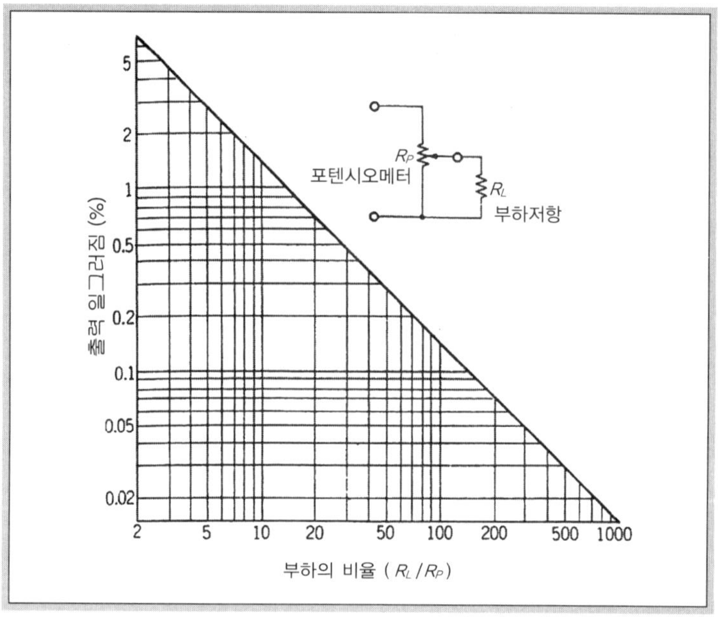


그림 8-18 포텐셔 미터의 부하저항 비율의 변화

포텐셔 미터 센서는 단자가 3개 있다. 저항치를 나타내는 2단자의 저항에 변하는 단자가1개 있어 3개의 단자가 된다. 중간의 변화하는 단자에 부하저항을 연결하여 변화시켰을 때, 출력의 일그러짐이 가능한 적어야 한다.

일반적인 포텐셔미터가 저항기를 이용한 것인데, 이것은 사용횟수가 많아지면 접촉점의 마찰에 의하여 손상이 있게 되고 접촉저항도 변화될 수 있어 신뢰성 높은 포텐셔미터로 사용하기가 어려운 점이 있다. 따라서 이런 단점을 보완하기 위해 아이디어 구현된 것이 자기저항의 성질을 이용한 포텐셔미터가 출현하게 되었다. 자기성분은 직접 접촉하지 않아도 되기 때문에 많은 장점을 갖고 있다.

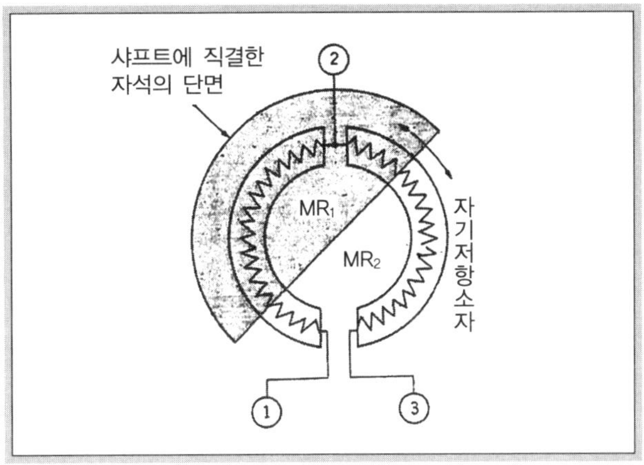


그림 8-19 자기저항형 포텐셔미터

원리는 자계를 가하면 전기저항이 변화하는 자기 소자를 그림과 같이 2개 배열하여 연결하고, 그 위에 매우 가깝게 영구자석을 그림과 같은 각도로 이동시키면 출력전압이 변화한다. 이 출력전압의 대, 소에 다라 회전한 정도를 검출할 수 있다.

무접촉형 자기 포텐셔센서의 용도는 회전각 센서, 압력 센서, 경사각 센서 등이 있다.

무접촉형 자기 포텐셔센서의 장점으로는

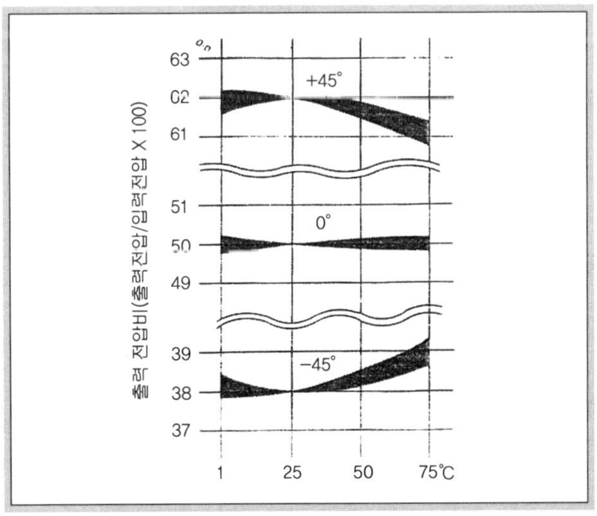


그림 8-20 자기형 포텐셔 센서의 온도 특성

- 이동속도에 관계없이 노이즈가 없다.
- 구동축을 제외하면 마찰부가 없어 수명이 무한대

- 회전토크, 마찰은 극히 적다.
- 응답성이 우수하고, 방폭성이 있다.

**단점으로는**

- 출력 감도의 차이가 많지 않다.
- 그림에서와 같이 온도에 따른 특성의 변화가 다소 크다.

## 8-11 도플러센서

1842년 C.J.도플러가 음향현상에 대하여 발견하였다. 예를 들면, 기차가 서로 다가올 때 상대 기차의 기적소리는 크게 들리고, 서로 멀어질 때의 기차의 기적소리는 낮게 들리는 것은 도플러 효과에 의한 것이다. 도플러효과는 음파 이외의 파동에서도 볼 수 있는데, 이 효과에 의한 주파수의 관측값 변화는 파동의 전파속도와 파원에 대한 관측자의 상대속도에 의존하며, 파동속도에 대하여 파원과 관측자 사이의 상대속도가 아주 작은 경우에는 관측하기 어렵다.

그러나 전파속도가 큰 광파나 전파라도 그 파원이 매우 빠른 속도로 운동하는 경우, 예를 들면 대지속도(對地速度)가 큰 인공위성으로부터의 전파에서는 명백하게 나타난다. 또, 천체가 지구에 대하여 운동하고 있을 때는 이 효과로 인하여 빛의 스펙트럼에서 정규 위치로부터의 벗어남을 볼 수 있다.이 현상은 오래 전부터 천문학에서 별의 시선속도(視線速度)를 결정하는 기초로 사용되어 온 것으로, 특히 E.허블이 이것을 바탕으로 하여 성운(星雲)의 거리와 후퇴속도에 대한 관계를 발견하여 팽창우주를 관측적으로 시사한 것은 유명하다. 이 같은 도플러 효과의 원리를 이용하여 다양하게 응용되고 있고, 그림은 예를 보인 것이다.

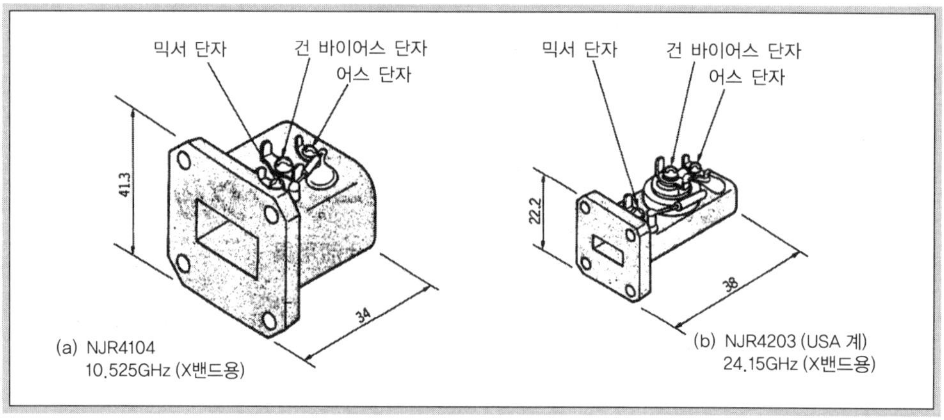


그림 8-21 도플러 센서의 구조

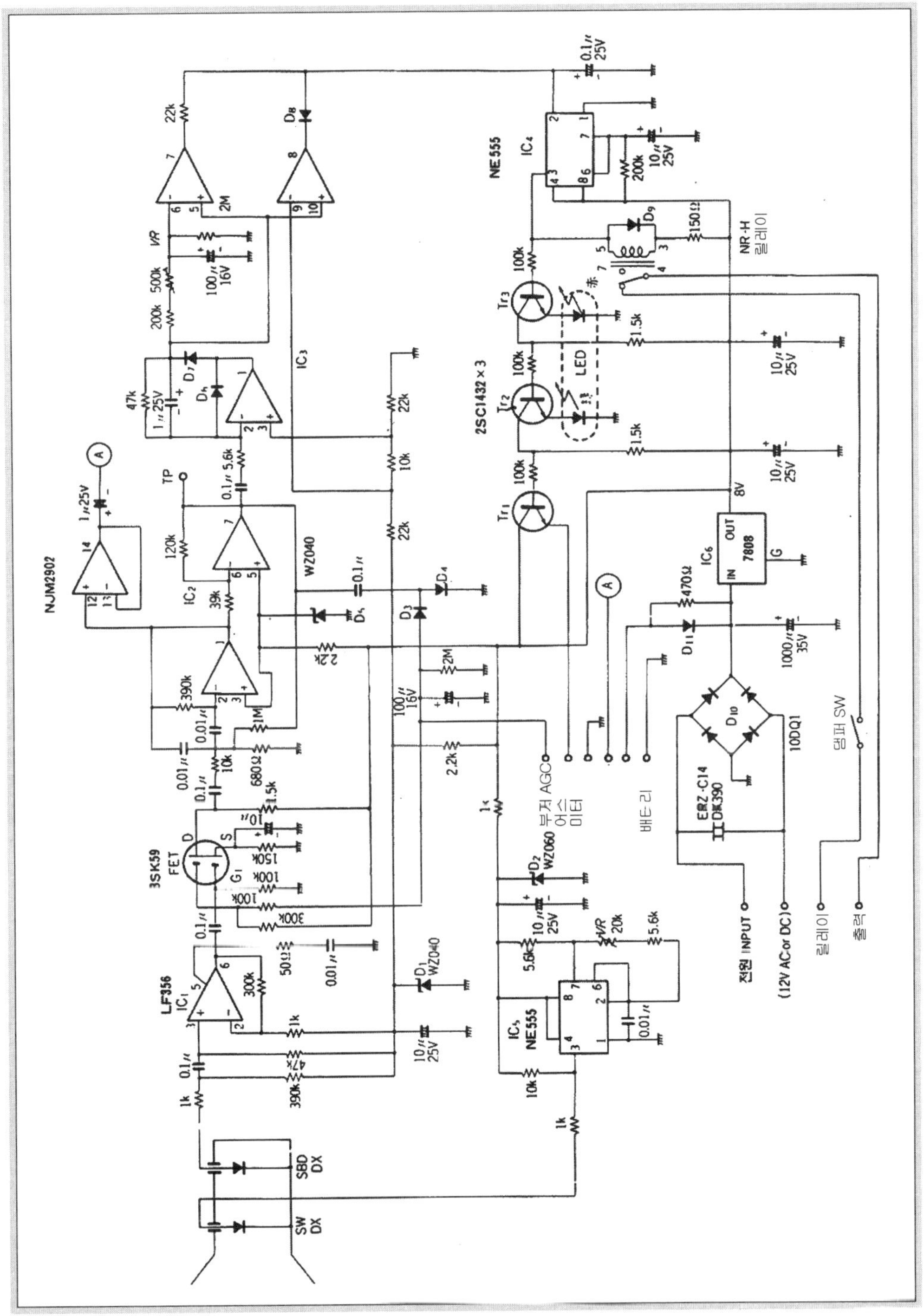

그림 8-22 도플러 센서를 이용한 경보장치 회로

## 8-12 도플러 효과를 이용한 자동차 추돌방지에 응용

고속으로 운행하는 자동차는 앞차가 갑자기 속도를 늦추거나, 정지한 장애물이 있을 때, 운전자가 적절히 판단하고 사고를 피하는데 매우 어려운 경우가 많다. 따라서 도플러 효과를 이용하면 자동차의 앞에 있는 물체와의 상대거리가 가까워질수록 도플러 센서는 적절한 출력신호를 낼 수 있으므로 응용이 가능하다.

안테나는 앞차 외에 다른 장애물로부터 반사파를 받지 않도록 안테나의 지향성은 가능한 높도록 조정하여야 한다.

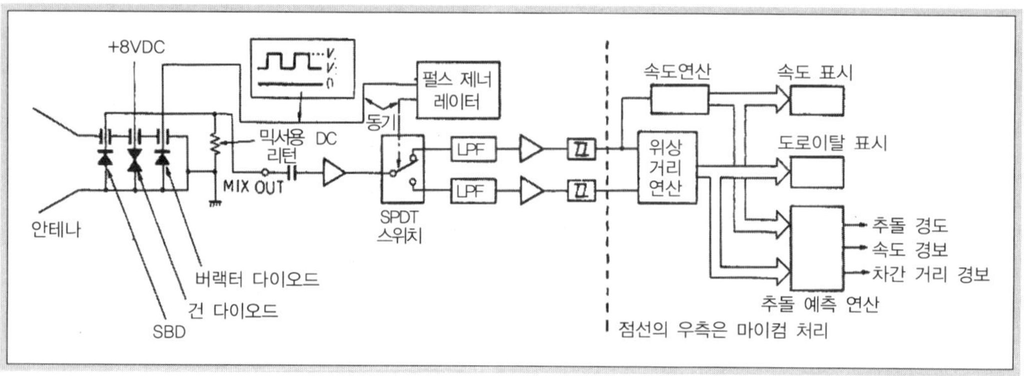


그림 8-23 자동차추돌방지 시스템 블록도

## 8-13 도플러 센서를 스피드 미터에 응용

도플러 효과를 이용하면 자동차의 스피드를 측정할 수 있다. 과정은 마이크로파를 송신하면 일정한 송신영역이 발생되는데, 그 영역내에 이동하는 물체가 존재하면 이동물체에 의하여 송신된 주파수와 다른 주파수의 신호가 발생한다. 이 다른 주파수를 측정하면 물체의 이동속도를 측정할 수 있다.

스피드 미터의 측정범위를 5-200 Km/H, 측정거리를 0~30 m 정도로 제작한다면 NJR4104를 이용하면 간단히 제작할 수 있다.

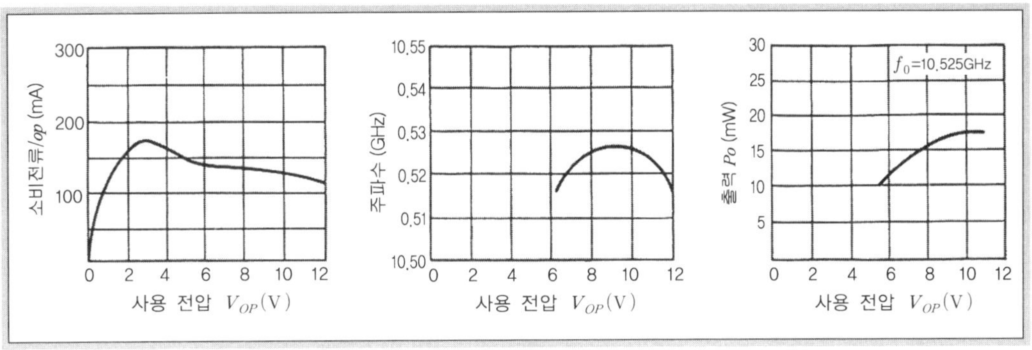


그림 8-24 도플러 효과를 이용한 스피드 미터

## 8-14 정보안내를 위한 음성합성

자동차의 각종 장치에 정보의 안내를 위한 사람의 음성이 사용되고 있다. 시간 안내, 차내 경고, 음성인식에 의한 기기 동작등 많이 사용되고 있다. 음성인식에 대한 일반적인 시스템을 설명하면 다음과 같다.

음성의 인식을 위해서는 입력되는 음성에 대하여 디지털데이터화를 위한 부호화가 시행되어야 한다. 부호화 방법에는 Zero Cross 법, PCM법, Delta Modulation 법, ADPCM등 많이 개발되어 있다.

ZeroCross법은 파형을 4-10 Khz의 스피드로 셈플링하여 0과 교차하는 값이 +일때는 1, -일때는 -1로 한다. 이 부호화 방법은 신호대잡음비가 나쁘지만 구현하기가 쉬워 간단히 제작할 필요가 있는 경우에 많이 사용한다.

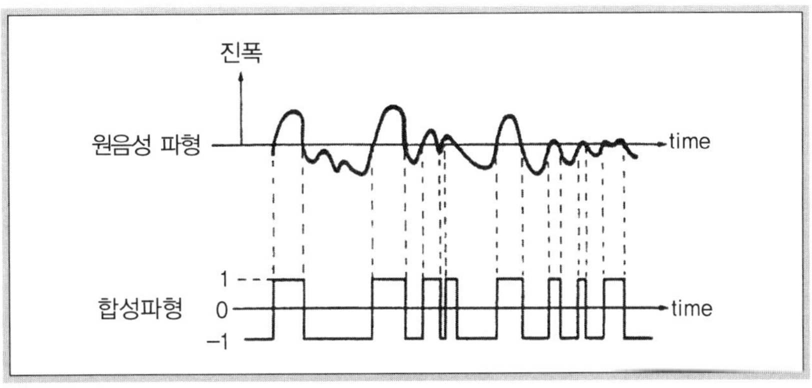


그림 8-25 ZeroCross 법

PCM방법은 음성을 A/D 변환하고 양자화 하여 기억시켜 두고 사용한다. 합성할 때는 D/A 변환하여 사용한다. 이 경우는 양자화 할 때 다소 오차가 생긴다. 그러나 다른 방법에 비하여 충실도가 매우 높다.

그러나 셈플링 Rate가 높을수록 양자화 된 디지털 데이터량은 매우 크게 증가하게 된다. 따라서 처리하는 데 시간도 걸리고 시스템의 속도도 빨라야 하고, 데이터를 저장하기 위한 메모리 공간도 많이 소요되므로 단점도 많다.

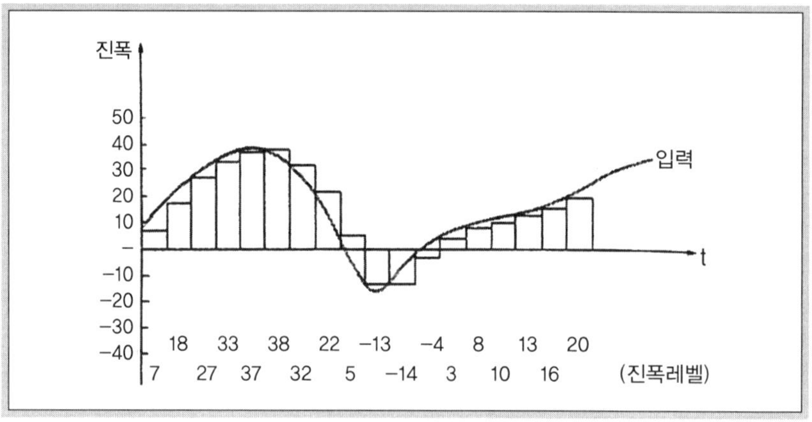


그림 8-26 PCM 방식

Delta Modulation은 ZeroCross 방법과 PCM 방법의 혼합한 방법이다. 음성이 시작되는 한 지점에서 음성의 파고치가 그 시점전의 파고치보다 크면 1, 적어면 -1로 부호화 하는 방법이다. 이렇게 하면 음성파형이 계단식의 파형으로 변환된다. 이 방식의 경우 급격한 음성파형의 변화에는 적응하기가 힘들다.

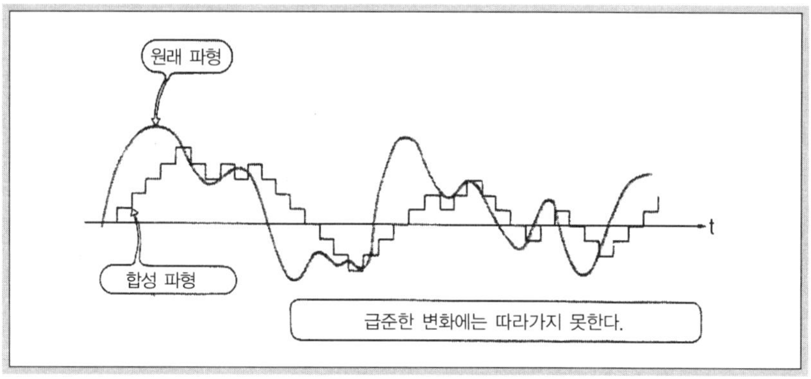


그림 8-27 델타 M

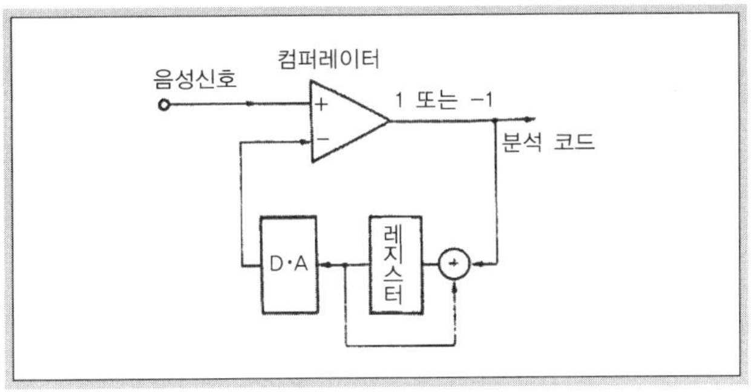


그림 8-28 Delta M방식의 음성처리 블럭도

## 8-15 음성의 분석과 합성 처리시스템 예

1 Chip 음원 IC를 이용한 응용 예를 다음과 같이 보인다. 이 예는 MSM5218IC를 사용한 음성의 분석과 합성에 관한 블록도, 동작타이밍, 실제 구현회로도를 소개한다.

MSM5218은 ADPCM방식을 사용하여 분석과 합성을 리얼타임으로 처리할 수 있게 제작하였다. MSM5218에 ROM과 RAM, EPROM 등을 이용하여 시스템을 구현하면 된다.

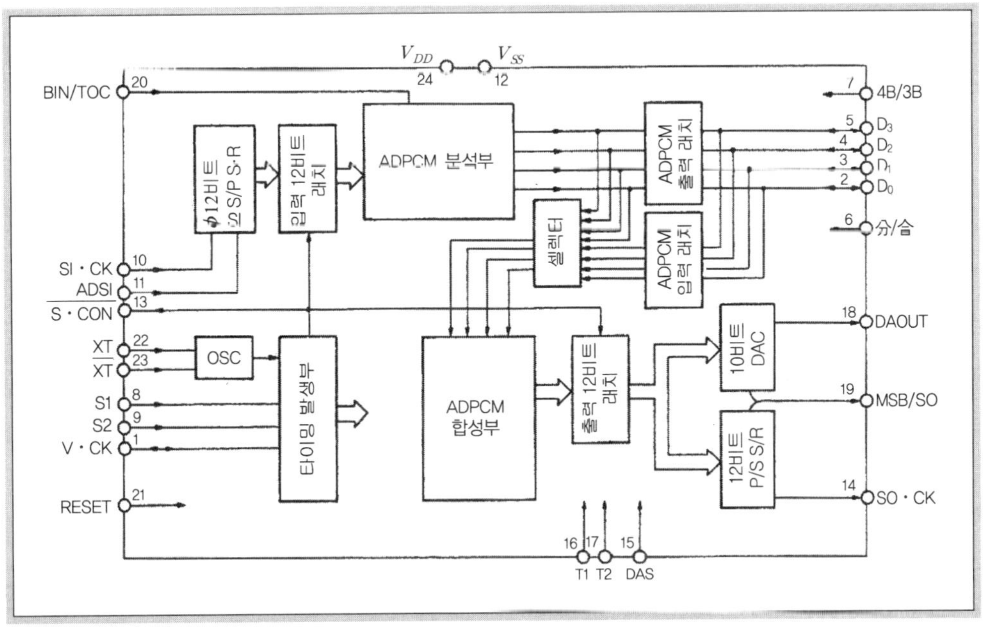


그림 8-29 1chip MSM5218의 내부 블록도

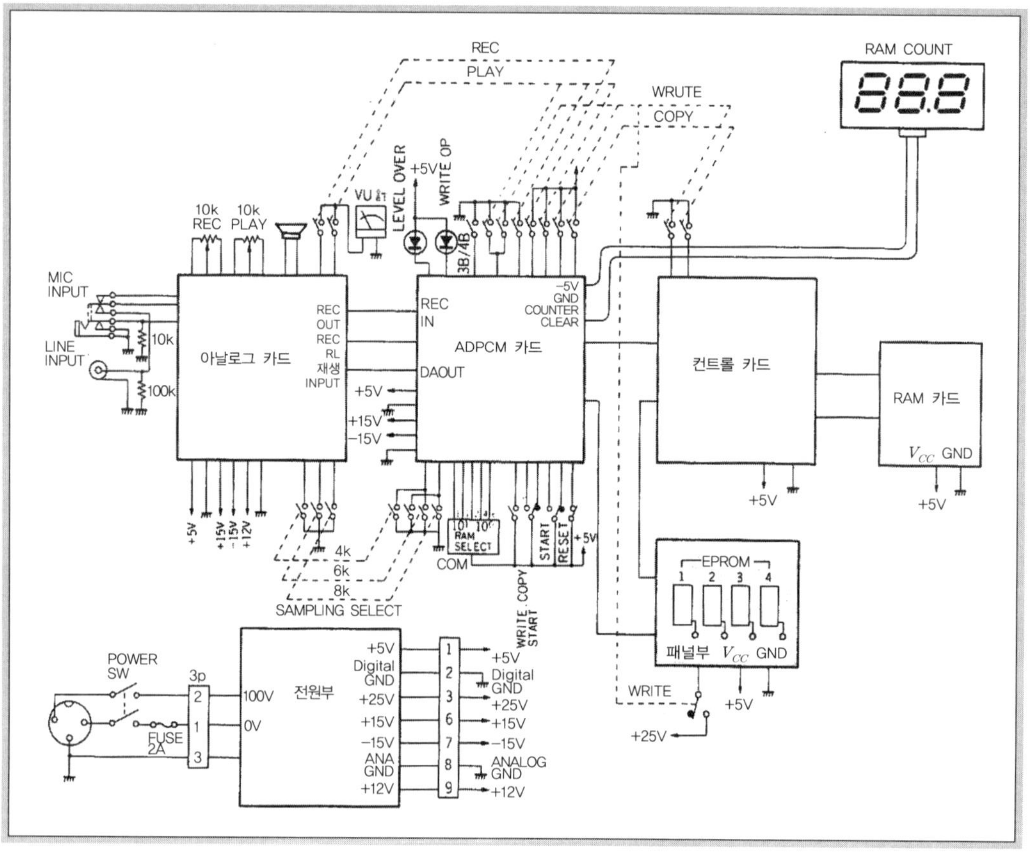


그림 8-30 MSM5218의 전체회로도

MSM5218에는 12비트 입력레지스터, 정보 입력용 12비트 레치용 버퍼, ADPCM 신호분석부, ADPCM 출력부등으로 구성되고, ADPCM 분석 출력은 신호선택회로를 통하여 ADPCM 음성합성부를 통하여 12비트 버퍼를 통하고 12비트 레지스터를 통하여 출력된다. 또한 1chip 전체적 동작을 위한 CLOCK 신호부가 부가되어 있다.

먼저 음성의 입력은 마이크 입력에 의한 음성의 분석, 분석정보를 메모리에 저장, 저장된 정보를 EPROM 펌워어의 처리 규칙에 의하여 음성합성의 출력의 기본이 만들어지고 마지막으로 H/W Logic의 출력 단자를 거쳐 출력된다.

MSM5218을 사용한 시스템 전체에서 입력은 마이크를 통하여 입력된 신호는 음성처리하기 쉬운 정도의 신호로 증폭한다. LPF를 커쳐 불필요한 노이즈를 제거한다. 셈플/홀드 신호는 샘플링주파수에 따라 입력된 음성신호에 대하여 샘플링 신호를 출력한다. A/D컨버트는 아날로그 파고신호를 ADPCM화 한다. 비트 길이에 따라 양자화 한다.

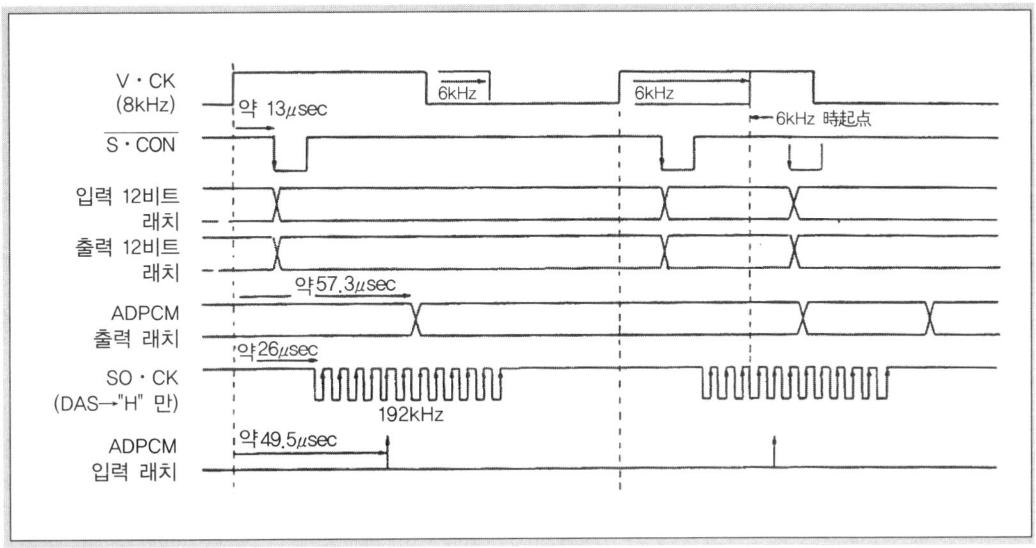


그림 8-31 MSM5218 동작 타이밍도

MSM5218의 ADPCM출력 4비트 데이터 출력의 다음 단에는 쌍방향레지스터를 설치하여 다음 단계의 메모리에 저장하고 또한 READ가 가능하게 한다. RAM은 ADPCM한 일시적인 데이터를 저장하는 곳이다.

## 8-16 마이컴에 의한 온도의 측정

오늘날의 자동차는 차내 각종 정보를 모두 입력받아 처리하는 방향으로 변화하고 있다. 실내외의 온도도 측정되어 마이컴에 입력되어 관리되고 있다. 측정된 신호는 아날로그 상태에서의 신호전송, 디지털 상태의 신호전송 등 모두에 있어서 노이즈에 대한 보완 회로가 작동되어야 한다.

노이즈로부터의 보호를 위하여 전자실드, L에는 역전압 방지용 다이오드 설치, 릴레이 근처에는 노이즈에 약한 부품배치 방지, 더미스터 라인의 간략화가 필요하다. 만약 길면 노이즈에 대단히 취약하다. 기타 부품을 고정하고 있는 PCB는 노이즈에 강한 설계원칙을 유지하여야 한다.

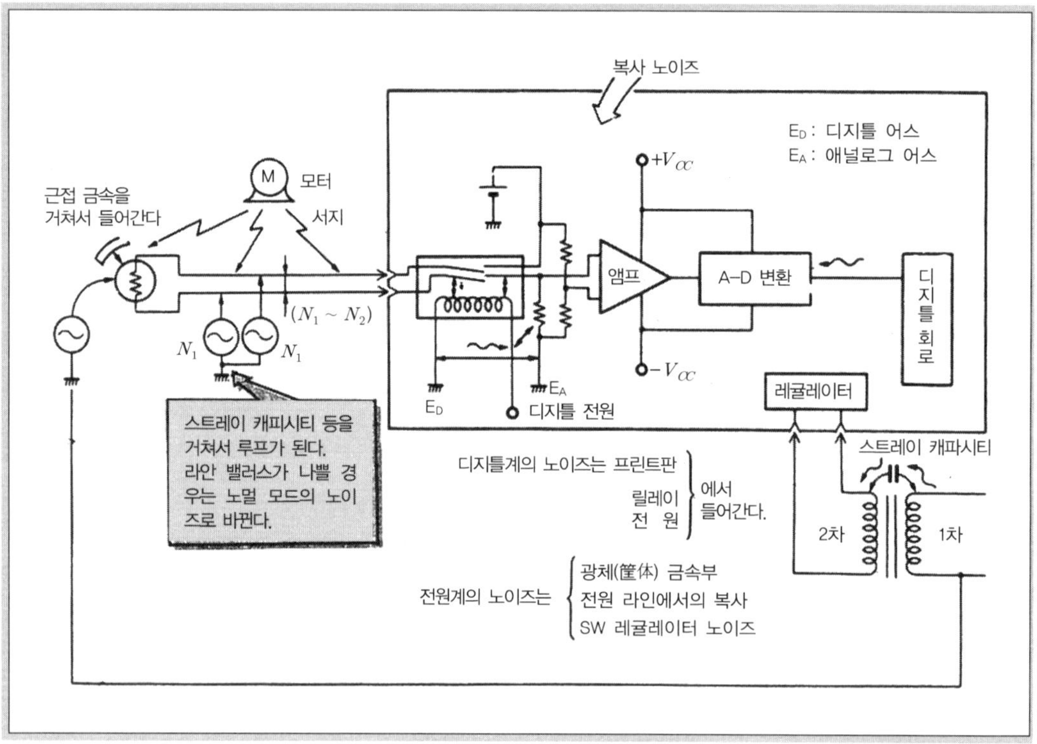


그림 8-32 노이즈의 경로

## 8-17 적외선 온도계

일반적으로 온도계는 수은이나 열전대등을 이용하여 만든 온도계이다. 이런 온도계는 상온등 일반적인 온도는 측정이 가능하나 자동차의 엔진, 연소 등에 관한 온도는 고온이라 이런 온도계로는 측정이 불가하다.

적외선 온도계는 열에서 나오는 적외선을 이용하여 온도를 측정한다. 입력되는 적외선을 집광렌즈, 광검출기, 광증폭기 등을 이용하여 측정하게 된다. 적외선 온도계는 적외선 센서와 광학장치에 의하여 측정 성능이 결정된다.

보통의 경우 온도 측정범위는 800-1400 ℃, 측정거리는 260 mm-10 m, 검출파장은 0.9 um, 측정전압출력은 0.05－10 V정도이다.

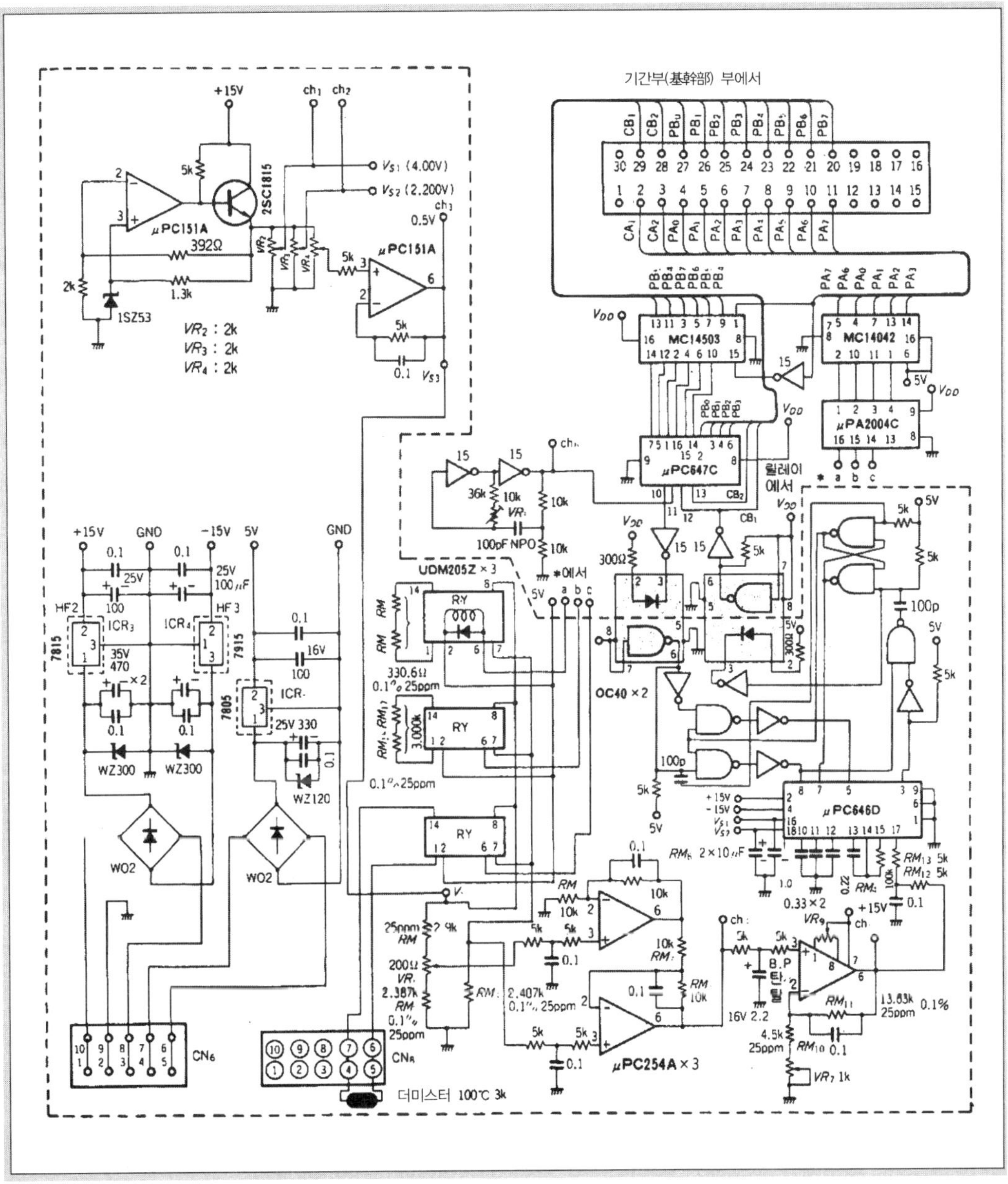

그림 8-33 마이컴을 이용한 온도계의 전체회로

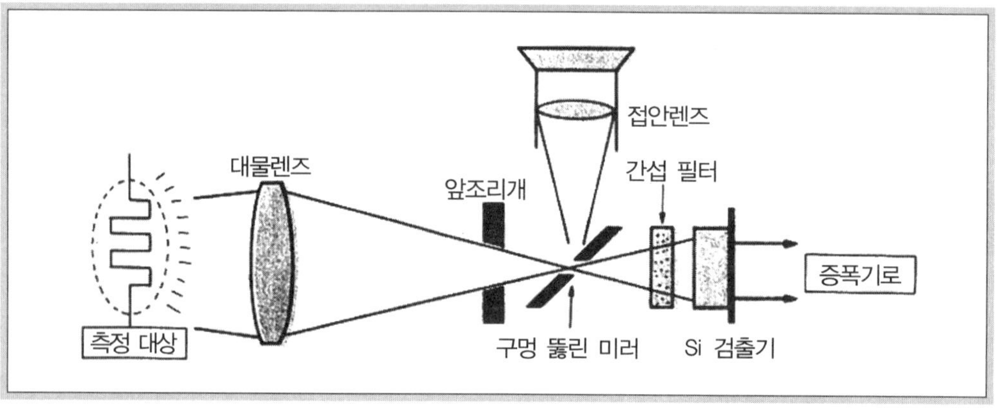


그림 8-34 적외선 온도계의 구성도

위 그림은 적외선 온도계의 구성도 이다. 적외선은 대물렌즈로 집광되고, 구멍 뚫린 거울에 상이 형성되고, 이상은 접안렌즈로 측정자가 볼 수 있고, 또한 적외선센서에 의하여 출력되어 증폭기로 나간다. 증폭기로 전송된 적외선 센서의 측정값은 A/D변환 되고, ROM에 저장된 값과 비교되는 등 보정을 거쳐 수치로 최종 출력된다.

**예제 8.9** 도플러 효과란 무엇인지 설명하고 이 원리를 이용한 실례를 1가지 이상 예를 들고 설명하여라.

**예제 8.10** 자동차내에서 음성에 의한 안내가 많이 이루어 지고 있다. 음성의 부호화란 무엇이고, 왜 필요한 지 설명하시오.

**예제 8.11** 적외선 온도계의 원리와 그 응용에 관하여 간단히 설명하여라.

**예제 8.12** 온도계등 센서에서 마이컴으로 연결되는 전선에 노이즈에 의한 센서의 측정값이 변화되어 문제가 될 수 있다. 주의하여야 할 문제점에 대하여 설명하여라.

# 09 자동차 컴퓨터의 등장

자동차의 경쟁력 향상을 위하여 다양한 기능들이 새롭게 등장하고 있다. 그 동안 엔진, 샤시등 기계적인 새로운 기능들이 많이 개발되었지만 최근에는 전기·전자적인 새로운 기능들이 많이 등장하고 있다. 이 장에서는 새로운 기능이 쉽게 등장하는 디지털 컴퓨터와의 연관성을 분석해 보고, 간단한 디지털 논리회로의 개념을 이해한다.

## 9-1 디지털컴퓨터와 ECU

그 동안 자동차에는 기능의 향상을 위하여 전자제어적인 방법이 많이 개발되었다. 기능이 많아지게 됨에 따라 전기전자적인 회로도 다소 복잡하게 되었는데, 보통 다소 복잡해진 논리회로를 제어기라 한다. 예를 들면 화면제어기, 핸들제어기, HDD제어기등 특정한 부분을 전자화 한 경우를 말하나, 전자화 한 과정에서 CPU(중앙처리장치)는 없는 형태를 말한다.

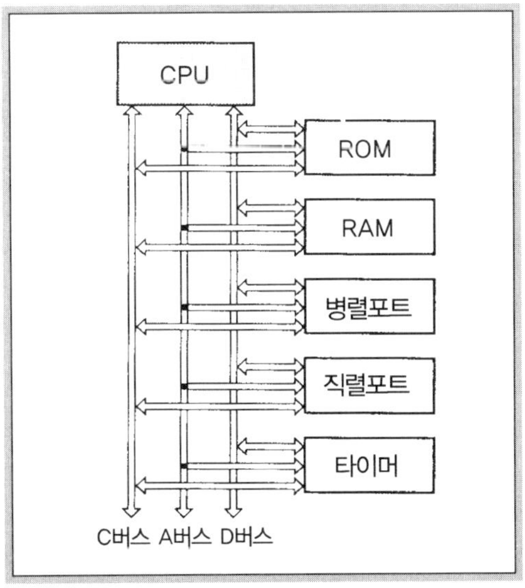


그림 9-1 디지털 컴퓨터의 기본 구조

이렇게 하여 탄생한 형태가 자동차에서 ECU(Electronic Control Unit)이다. 그러나 지금은 ECU라고 하는 부분도 실제적으로는 CPU가 탑재되어 사용되는 경우가 매우 많다. 적절한 용어의 정리가 필요하다 할 수 있다.

그림에서 컴퓨터의 동작은 ROM과 RAM으로 구성된 기억장치에 처리할 일의 순서적 프로그램을 저장해 놓고 CPU가 이를 꺼내어 순서에 의하여 체계적으로 처리하는 것이다. 처리된 결과는 포트(Port), 즉 외부에 보낼 수 있다. 타이머는 디지털컴퓨터가 정보를 처리하는 기본적인 CLOCK이다.

## 9-2 디지털 논리게이트

디지털 시스템은 기본적으로 이진논리에 기반을 둔 시스템이다. 따라서 처리되는 신호는 이진논리에 기반한 디지털 신호인 0, 1로 표시하고 전압레벨로는 0 -> 0 V, 1 -> 5 V등으로 표시한다.

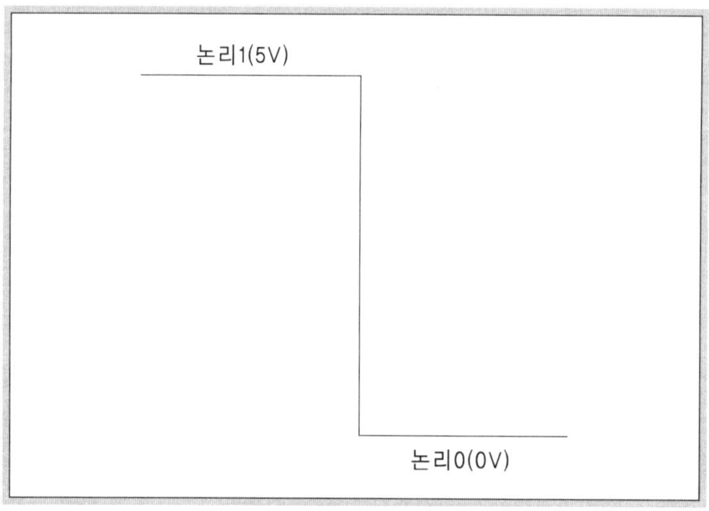


그림 9-2 이진논리와 전압

디지털 시스템에서는 0 V와 5 V 두 가지의 신호로 된 이진신호를 사용한다고 했다. 이때 필요에 따라 전자회로를 이용하여 다양한 신호로 변화시켜 사용해야 하는데 자주 사용하는 전자회로를 하나로 묶어서 논리Gate라고 한다. 각 논리Gate를 공부할 때는 논리기호와 진리표를 이해하여야 한다. 진리표를 통해서 각 논리Gate를 왜 만들게 되었는지 이해하여야 한다. 이렇게 이해해야 하는 이유는 이런 논리Gate들이 모여서 디지털시스템을 이루기 때문이다.

### 1) NOT Gate

이 논리 Gate는 논리신호를 반대로 변환시킬 필요가 있는 곳에 사용하기 위하여 만들었다. 다른 표현으로 인버터(Inverter)라고도 하며 입력이 L일 때는 H로, 입력이 H일 때는 L로 변환시킨다는 뜻이다. 논리기호에서 " 0 "는 버블(bubble)이라고 하며 NOT논리 Gate에서 버블(bubble)가 없을 경우는 버퍼(Buffer)라고 한다. 이때에는 신호의 변환은 없고 신호의 형상을 개선하는 역할을 한다.

note : 논리gate에서 bubble " O "는 NOT을 의미한다.

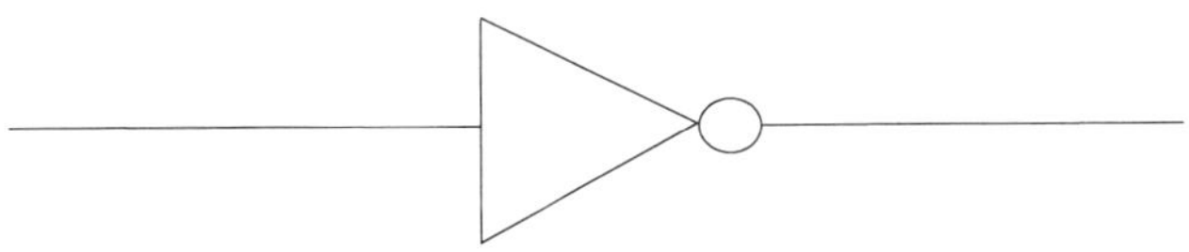

(a) NOT의 기호

| 입 력 | 출 력 |
|---|---|
| 0 | 1 |
| 1 | 0 |

(b) NOT의 진리표

그림 9-3 논리게이트 NOT

### 2) AND gate

AND gate는 입력되는 신호논리에 0이 하나라도 있으면 출력이 0이 되어야 하는 곳에 사용하기 위해 만들어 졌다. 다르게 표현해서 입력되는 신호가 모두 1일 때 출력이 1이 되는 곳에 사용하기 위해 만들었다고 할 수 있다.

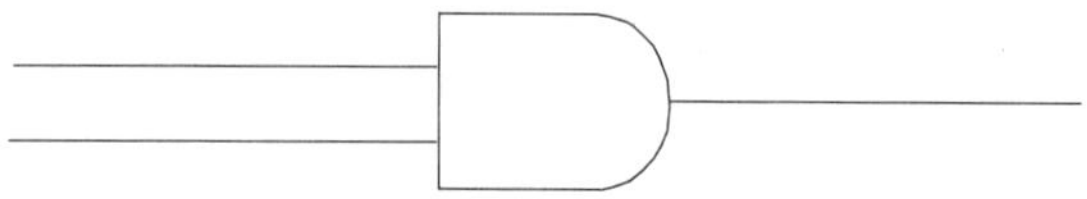

(a) AND의 기호

| A | B | Y |
|---|---|---|
| 0 | 0 | 0 |
| 0 | 1 | 0 |
| 1 | 0 | 0 |
| 1 | 1 | 1 |

(b) 진리표

**그림 9-4 논리게이트 AND**

### 3) OR Gate

OR 논리 gate는 입력되는 신호에 1이 하나라도 있으면 출력이 1이 되어야 하는 곳에 사용하기 위해 만들었다. 다시 말하면 입력되는 신호단자가 아무리 많아도 1이 하나라도 있으면 출력이 1이 되는 논리회로이다.

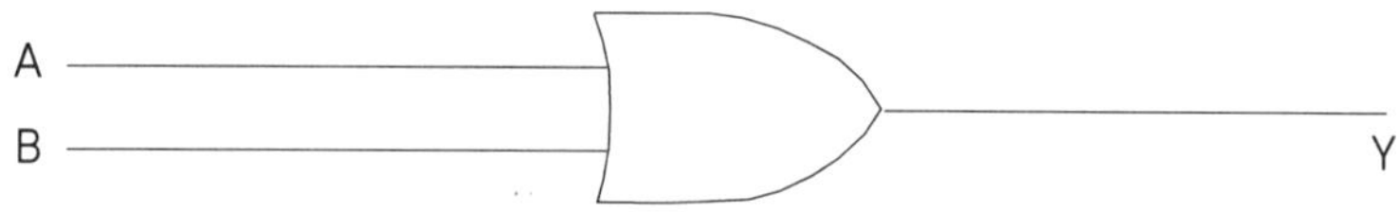


(a) OR의 기호

| A | B | Y |
|---|---|---|
| 0 | 0 | 0 |
| 0 | 1 | 1 |
| 1 | 0 | 1 |
| 1 | 1 | 1 |

(b) 진리표

**그림 9-5 논리게이트 AND**

### 4) NAND, NOR 논리 gate

NAND NOR논리 gate는 각각 AND, OR논리 회로의 출력에 NOT이 있는 논리회로이다. 따라서 논리 기호에는 NOT에 해당하는 "O"가 AND, OR의 출력에 하나씩 붙어있다. 기호는 다음과 같으며 AND, OR 논리회로의 출력 신호논리를 바꾸어 사용하고 싶은 곳에 사용하면 된다. 진리표는 OR, AND의 출력에 NOT이 있음으로 인해 그 만큼 바뀔 것이다.

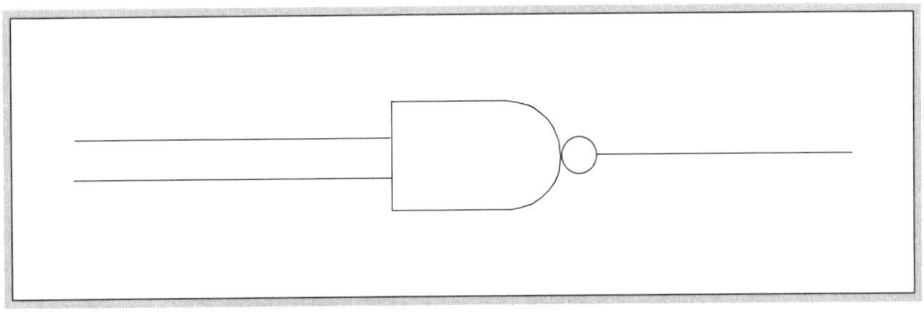

그림 9-6 논리게이트 NAND 기호

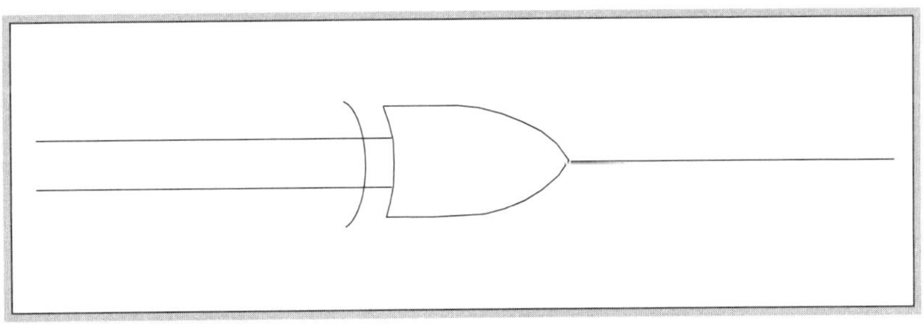

그림 9-7 논리게이트 NOR 기호

### 5) XOR 논리 gate(Exclusive OR : 배타적 OR)

지금까지 배운 논리기호들을 보면 입력신호 단자가 2 개가 있지만 실제적으로 입력신호 단자는 2개 이상이 될 수도 있다. 따라서 이점을 중요하게 생각하여 이해해 두어야 할 것이다. 그러나 XOR 논리회로는 오직 두 개의 입력단자만이 있다. XOR 논리회로는 입력신호 논리가 서로 다를 때 출력신호가 1이 되는 회로이다. 따라서 XOR는 입력되는 두 개의 신호가 다른 지 여부를 확인하고 싶은 회로에 사용하면 된다.

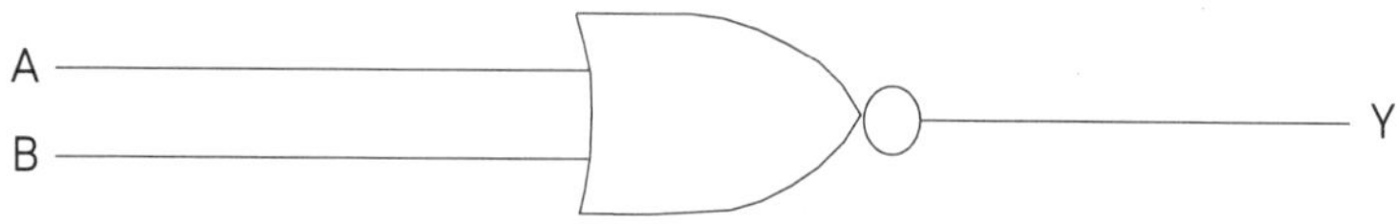


(a) XOR 기호

| A | B | Y |
|---|---|---|
| 0 | 0 | 0 |
| 0 | 1 | 1 |
| 1 | 0 | 1 |
| 1 | 1 | 0 |

(b) 진리표

그림 9-8 논리게이트 XOR

**예제 9.1** 입력되는 센서의 값이 모두 1인 경우, 출력 1이 되는 논리게이트는 ?

**예제 9.2** 입력되는 센서의 값이 어느 하나라도 1인 경우, 출력이 1이 되는 경우의 논리게이트는 ?

**예제 9.3** 입력되는 센서의 값이 서로 다른 경우에만 출력이 1이 되는 경우에 사용하기 편리한 논리게이트는 ?

## 9-3 상용 논리게이트 예

(04, 08, 32, 86)

MOTOROLA

**MC54/74F04**

## HEX INVERTER

HEX INVERTER
FAST™ SCHOTTKY TTL

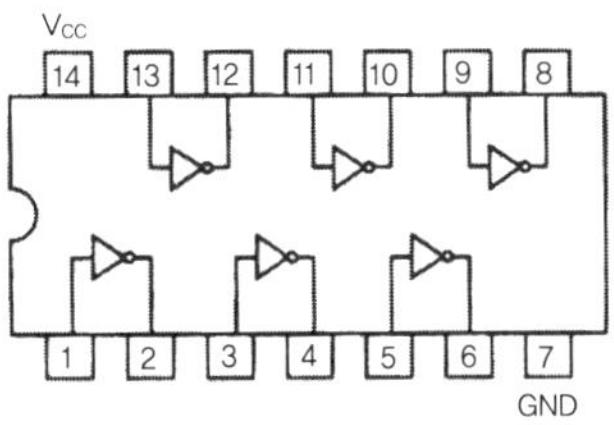


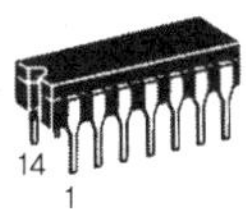


J SUFFIX
CERAMIC
CASE 632–08

N SUFFIX
PLASTIC
CASE 646–06

D SUFFIX
SOIC
CASE 751A–02

ORDERING INFORMATION

MC54FXXJ Ceramic
MC74FXXN Plastic
MC74FXXD SOIC

| Symbol | Parameter | | Min | Typ | Max | Unit |
|---|---|---|---|---|---|---|
| $V_{CC}$ | Supply Voltage | 54, 74 | 4.5 | 5.0 | 5.5 | V |
| $T_A$ | Operating Ambient Temperature Range | 54 | −55 | 25 | 125 | ℃ |
| | | 74 | 0 | 25 | 70 | |
| $I_{OH}$ | Output Current–High | 54, 74 | | | −1.0 | mA |
| $I_{OL}$ | Output Current–Low | 54, 74 | | | 20 | mA |

MOTOROLA

# QUAD 2-INPUT AND GATE

## MC54/74F08

QUAD 2–INPUT AND GATE
FAST™ SCHOTTKY TTL

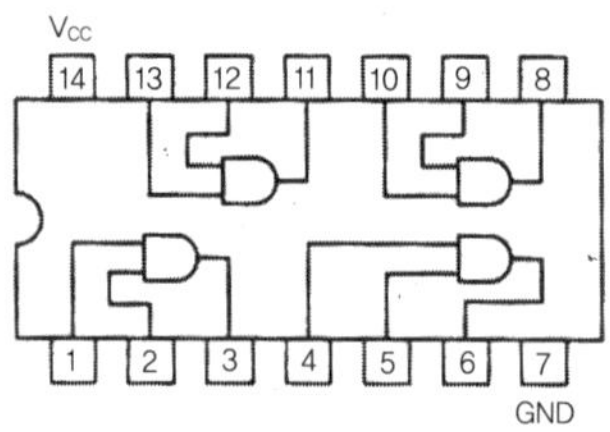


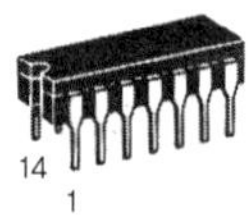


J SUFFIX
CERAMIC
CASE 632–08

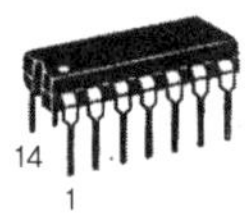


N SUFFIX
PLASTIC
CASE 646–06

D SUFFIX
SOIC
CASE 751A–02

ORDERING INFORMATION

MC54FXXJ Ceramic
MC74FXXN Plastic
MC74FXXD SOIC

| Symbol | Parameter | | Min | Typ | Max | Unit |
|---|---|---|---|---|---|---|
| $V_{CC}$ | Supply Voltage | 54, 74 | 4.5 | 5.0 | 5.5 | V |
| $T_A$ | Operating Ambient Temperature Range | 54 | −55 | 25 | 125 | ℃ |
| | | 74 | 0 | 25 | 70 | |
| $I_{OH}$ | Output Current–High | 54, 74 | | | −1.0 | mA |
| $I_{OL}$ | Output Current–Low | 54, 74 | | | 20 | mA |

MOTOROLA

## QUAD 2-INPUT OR GATE

**MC54/74F32**

QUAD 2–INPUT OR GATE
FAST™ SCHOTTKY TTL

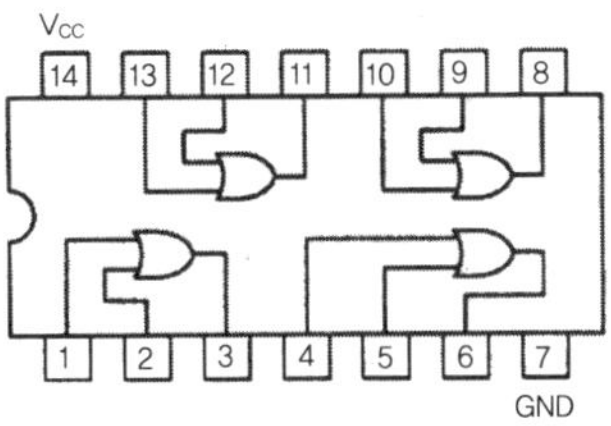


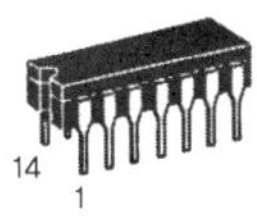


J SUFFIX
CERAMIC
CASE 632–08

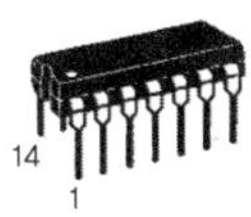


N SUFFIX
PLASTIC
CASE 646–06

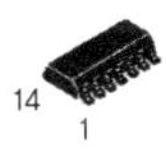


D SUFFIX
SOIC
CASE 751A–02

ORDERING INFORMATION

MC54FXXJ Ceramic
MC74FXXN Plastic
MC74FXXD SOIC

| Symbol | Parameter | | Min | Typ | Max | Unit |
|---|---|---|---|---|---|---|
| $V_{CC}$ | Supply Voltage | 54, 74 | 4.5 | 5.0 | 5.5 | V |
| $T_A$ | Operating Ambient Temperature Range | 54 | −55 | 25 | 125 | ℃ |
| | | 74 | 0 | 25 | 70 | |
| $I_{OH}$ | Output Current–High | 54, 74 | | | −1.0 | mA |
| $I_{OL}$ | Output Current–Low | 54, 74 | | | 20 | mA |

**MOTOROLA**

# MC54/74F86

## QUAD 2-INPUT EXCLUSIVE-OR GATE

QUAD 2–INPUT
EXCLUSIVE–OR GATE
FAST™ SCHOTTKY TTL

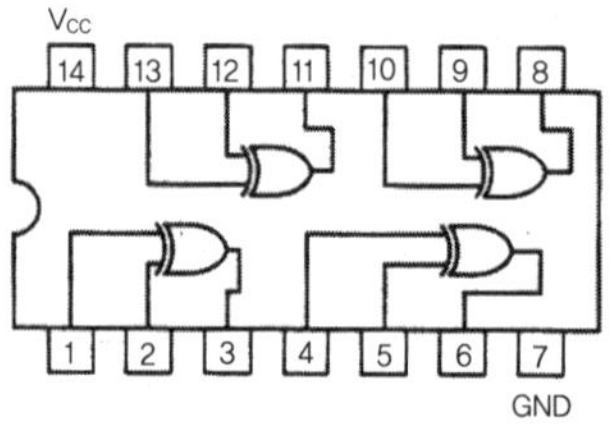


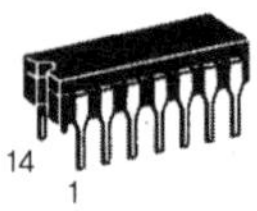


J SUFFIX
CERAMIC
CASE 632–08

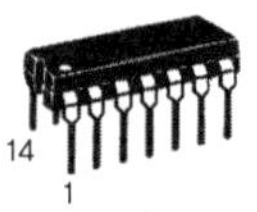


N SUFFIX
PLASTIC
CASE 646–06

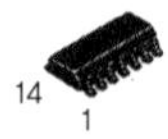


D SUFFIX
SOIC
CASE 751A–02

ORDERING INFORMATION

MC54FXXJ Ceramic
MC74FXXN Plastic
MC74FXXD SOIC

| Symbol | Parameter | | Min | Typ | Max | Unit |
|---|---|---|---|---|---|---|
| $V_{CC}$ | Supply Voltage | 54, 74 | 4.5 | 5.0 | 5.5 | V |
| $T_A$ | Operating Ambient Temperature Range | 54 | –55 | 25 | 125 | ℃ |
| | | 74 | 0 | 25 | 70 | |
| $I_{OH}$ | Output Current–High | 54, 74 | | | –1.0 | mA |
| $I_{OL}$ | Output Current–Low | 54, 74 | | | 20 | mA |

# 저자 약력

**• 신 이 균**

영남대학교 학사, 연세대학교 석사, KAIST박사 수료
용인송담대학 자동차기계학부 자동차전자전공
LG전자 정보기기연구소 근무
현대전자 정보기기연구소 근무
현) 용인송담대학 자동차 기계학부 교수

도서출판 그 린

자동차 센서의 기초

| | |
|---|---|
| 초판 인쇄일 ▶ | 2007년 10월 10일 |
| 초판 발행일 ▶ | 2007년 10월 20일 |
| 저자 ▶ | 신 이 균 |
| 발행처 ▶ | 도서출판 그린 |
| 발행인 ▶ | 윤 덕 우 |
| 출판등록 ▶ | 제8-161호(1995. 5. 3.) |
| 주소 ▶ | 서울시 서대문구 연희동 219-20 (우)120-828 |
| 전화 ▶ | 02)333-2574, 2575 |
| Fax ▶ | 02)333-2561 |
| E-mail ▶ | greenpress@greenpress.co.kr |
| Homepage ▶ | http://www.greenpress.co.kr |

**정가 : 13,000원**

ISBN : 978-89-5727-030-1